James Clerk Maxwell, L. Boltzmann

Über Faradays Kraftlinien

James Clerk Maxwell, L. Boltzmann

Über Faradays Kraftlinien

ISBN/EAN: 9783955622718

Auflage: 1

Erscheinungsjahr: 2013

Erscheinungsort: Bremen, Deutschland

bremen
university
press

Ueber

FARADAY'S KRAFTLINIEN.

Von

JAMES CLERK MAXWELL.

(Transact. of t. Cambr. phil. soc. vol. 10, p. 27, gelesen am 10. Dec. 1855 und 11. Febr. 1856, Maxw. scient. pap. vol. 1, p. 155.)

Herausgegeben

von

L. Boltzmann.

LEIPZIG
VERLAG VON WILHELM ENGELMANN
1895.

Ueber Faraday's Kraftlinien.

von

James Clerk Maxwell.

I. Theil.

Anwendung auf statische Zustände und stationäre Strömung.

A. Einleitung.

Der gegenwärtige Stand der Elektricitätslehre scheint besonders ungünstig für die Speculation. Die Gesetze der Vertheilung der Elektricität auf der Oberfläche von Leitern sind durch Rechnung aus Experimenten abgeleitet worden. In einigen Theilen der mathematischen Theorie des Magnetismus ist man ziemlich weit gekommen, während in anderen die experimentellen Daten mangeln. Die Gesetze der Leitung des galvanischen Stroms und der Wechselwirkung der Stromleiter sind durch mathematische Formeln dargestellt worden, aber sie stehen noch ausser aller Beziehung zu den andern Theilen der Wissenschaft. Will man daher gegenwärtig eine Theorie der Elektricität und des Magnetismus aufstellen, so muss dieselbe, wenn sie erschöpfend sein soll, in die Beziehungen zwischen statischer und strömender Elektricität, sowie auch zwischen den Anziehungen und den Inductionswirkungen in beiden Zuständen Einsicht gewähren. Ferner muss sie diejenigen Gesetze, deren mathematische Form bekannt ist, in Uebereinstimmung mit den bisherigen Theorien liefern und zudem die Berechnung jener Uebergangsfälle ermöglichen, in denen die bekannten Formeln nicht anwendbar sind.[1])

Um den Anforderungen der bisherigen Theorien gerecht zu werden, muss man sich mit einem bedeutenden Apparate so verwickelter mathematischer Formeln vertraut machen, dass die Schwierigkeit, diese im Gedächtnisse festzuhalten, allein schon den weiteren Fortschritt wesentlich beeinträchtigt. Wollen wir daher die Theorie erfolgreich weiter entwickeln, so müssen wir vor allem die Ergebnisse der früheren Untersuchungen vereinfachen und auf eine dem Verstande möglichst leicht zugängliche Form bringen.[2] Die Resultate dieser Vereinfachung können entweder die Gestalt einer rein mathematischen Formel oder die einer physikalischen Hypothese annehmen. Im ersten Falle verlieren wir die zu erklärenden Erscheinungen ganz aus dem Auge und können niemals eine umfassendere Uebersicht über die inneren Beziehungen des Gegenstandes gewinnen, wenn wir auch die Folgerungen aus gegebenen Gesetzen zu berechnen vermögen.[3] Wenn wir anderseits eine physikalische Hypothese wählen, so sehen wir die Erscheinungen wie durch eine gefärbte Brille und sind zu jener Blindheit[4] gegen Thatsachen und Voreiligkeit in den Annahmen geneigt, welche eine auf einem einseitigen Standpunkte stehende Erklärung begünstigt. Wir müssen daher eine Untersuchungsmethode ausfindig machen, welche uns bei jedem Schritte zu einer klaren physikalischen Anschauung befähigt, ohne uns an eine specielle Theorie zu binden, von welcher diese Anschauung entlehnt ist, damit wir weder durch die Verfolgung analytischer Subtilitäten vom Gegenstande abgezogen, noch durch eine Lieblingshypothese von der Wahrheit entfernt werden.

Um physikalische Vorstellungen zu erhalten, ohne eine specielle physikalische Theorie aufzustellen, müssen wir uns mit der Existenz physikalischer Analogien[5] vertraut machen. Unter einer physikalischen Analogie verstehe ich jene theilweise Aehnlichkeit zwischen den Gesetzen eines Erscheinungsgebietes mit denen eines andern, welche bewirkt, dass jedes das andere illustrirt. Auf diese Art sind alle Anwendungen der Mathematik in der Wissenschaft auf Beziehungen zwischen den Gesetzen der physikalischen Grössen zu denen der ganzen Zahlen gegründet,[6] so dass das Streben der exacten Wissenschaft darauf gerichtet ist, die Probleme der Natur auf die Bestimmung von Grössen durch Operationen mit Zahlen zurückzuführen. Gehen wir von der allgemeinsten Analogie zu einer sehr speciellen über, so finden wir formal die vollste Uebereinstimmung zwischen den Gesetzen zweier verschiedener Erscheinungsgebiete, von denen ein jedes Ausgangspunkt einer physikalischen Theorie des Lichtes wurde.

Die Richtungsänderungen, welche die Lichtstrahlen beim Uebergange von einem Medium in ein anderes erfahren, sind identisch mit den Abweichungen eines Massentheilchens von der geradlinigen Bahn, wenn sich dasselbe durch eine dünne Schicht bewegt, in der intensive Kräfte wirken. Auf diese Analogie, welche sich nur auf die Richtung, nicht aber auf die Geschwindigkeit der Bewegung erstreckt, beruht eine Erklärung der Brechung des Lichts, welche lange für die richtige gehalten wurde und noch heute, wo wir nicht mehr Gefahr laufen, sie ausserhalb ihres Gültigkeitsbereiches anzuwenden, bei der Lösung verschiedener Probleme als mathematischer Kunstgriff von Nutzen ist. Die zweite Analogie zwischen dem Lichte und den Schwingungen eines elastischen Mediums erstreckt sich viel weiter, aber obwohl ihre Wichtigkeit und Fruchtbarkeit nicht genug geschätzt werden kann, so müssen wir doch dessen eingedenk bleiben, dass sie nur auf einer formalen Aehnlichkeit zwischen den Gesetzen der Lichterscheinungen und denen der elastischen Schwingungen beruht. Wenn wir sie ihres physikalischen Gewandes entkleiden,[7]) so reducirt sie sich auf eine Theorie transversaler Zustandsänderungen und es bleibt ein System von Wahrheiten übrig, welches zwar den beobachteten Thatsachen nichts Hypothetisches hinzufügt, aber dafür wahrscheinlich sowohl an Anschaulichkeit als auch an Fruchtbarkeit in der Anwendung zurücksteht. Was ich über die schon so oft kritisirten Fragen der Optik gesagt habe, soll nur als Vorbereitung zur Discussion der fast allgemein ohne weitere Kritik angenommenen Theorie der Fernwirkung dienen.

Wir haben uns alle an den mathematischen Begriff dieser Fernwirkung gewöhnt. Wir können daraus Schlüsse ziehen und die betreffenden Gesetze in Formeln fassen, welche eine bestimmte mathematische Bedeutung haben und in voller Uebereinstimmung mit den Naturerscheinungen stehen. Ja, es giebt in der angewandten Mathematik keine Formel, die mit der Natur besser stimmen würde, als das *Newton*'sche Gravitationsgesetz, und keine Theorie hat im menschlichen Geiste fester Wurzel gefasst als die der Fernwirkung der Körper. Die Gesetze der Wärmeleitung in homogenen Medien erscheinen auf den ersten Anblick in physikalischer Hinsicht denkbarst verschieden von denen der Anziehungen. Die Grössen, welche bei dem 2. Probleme vorkommen, sind: Temperatur, Wärmefluss, Leitungsfähigkeit. Das Wort Kraft ist dem Gegenstande fremd; trotzdem finden wir, dass die mathematischen Gesetze der stationären Bewegung der Wärme in homogenen Mitteln der Form nach identisch sind mit denen einer Anziehung, welche dem Quadrate der Entfernung verkehrt proportional ist. Wenn wir Wärmequelle statt Anziehungscentrum, Wärmefluss statt beschleunigende Kraft der Anziehung und Temperatur statt Potential setzen, so verwandeln wir die Lösung eines jeden Problems der Anziehungslehre in die eines Problems der Lehre der Wärmeleitung.

Diese Analogie zwischen den Formeln der Wärme und Anziehungslehre wurde, wie ich glaube, zuerst vom Professor *William Thomson* (Cambr. Math. Journal, Band 3, Febr. 1842. pap. on electrostat. a. magn. S. 1) betont.

Obwohl, wie man allgemein voraussetzt, die Wärmeleitung durch eine Wirkung zwischen den unmittelbar benachbarten Theilen der Körper zu Stande kommt, während die Anziehungskraft eine Beziehung zwischen entfernten Körpern ist, so sind doch die mathematischen Formeln, durch welche die Gesetze des einen und des andern Erscheinungsgebietes ausgedrückt werden, vollständig dieselben. Freilich gewinnen, wenn wir weitere Thatsachen in den Kreis unserer Betrachtung ziehen, beide Gegenstände ein sehr verschiedenes Ansehen, aber die mathematische Verwandtschaft bleibt bei einer ganzen Reihe ihrer Gesetze bestehen und kann mit Vortheil verwendet werden, um aus bekannten Lösungen von Aufgaben des einen Gebietes die des andern abzuleiten.[8]) Durch den Gebrauch von Analogien dieser Art habe ich versucht, in einer bequemen und handlichen Form jene mathematischen Formeln darzustellen, welche zum Studium der elektrischen Erscheinungen nothwendig sind. Meine Methode ist durchweg die von *Faraday* *) in seinen Untersuchungen befolgte, welche man, obwohl sie von Professor *Thomson* und andern mathematisch interpretirt worden ist, doch noch sehr häufig für unbestimmter und unmathematischer hält als die der Mathematiker von Fach. Es wird, wie ich hoffe, aus meiner Darstellung ersichtlich sein, dass ich nicht eine physikalische Theorie einer Wissenschaft aufzustellen suche, in welcher ich kaum ein einziges Experiment gemacht habe, sondern dass sich mein Vorhaben darauf beschränkt, zu zeigen, wie gerade durch Verwendung der Begriffe und Methoden *Faraday*'s die Wechselbeziehung der verschiedenen Classen der von ihm entdeckten Erscheinungen am besten klar gemacht werden kann. Ich werde

---

*) Siehe besonders Serie 38 der Experimentaluntersuchungen und Phil. Mag. (4), 3, S. 401. 1852.

daher so viel als möglich alles vermeiden, was nicht zur directen Illustration der Methoden *Faraday*'s oder der mathematischen Schlussfolgerungen, welche sich daran knüpfen, dient. Bei der Behandlung der einfacheren Partien des Gegenstandes werde ich mich nicht nur der Begriffe, sondern auch der mathematischen Methoden *Faraday*'s bedienen. Wo es die Complication des Gegenstandes erfordert, werde ich mich der Bezeichnungsweise der höhern Mathematik bedienen, aber mich noch immer darauf beschränken, dieselbe möglichst getreu dem Gedankengang dieses Forschers anzupassen.

Ich habe an erster Stelle den Begriff der Kraftlinien zu erklären und zu erläutern. Wenn ein Körper in gegebener Weise elektrisirt ist, so wird ein kleiner, mit positiver Elektricität geladener Körper in jeder gegebenen Lage in der Nähe des ersten Körpers eine Kraft erfahren, die ihn nach einer bestimmten Richtung treibt. Wenn der kleine Körper gleich stark negativ elektrisirt ist, wird er durch eine gleiche Kraft gerade nach der entgegengesetzten Richtung getrieben. Genau in derselben Beziehung steht ein magnetischer Körper zum Nord- oder Südpol eines kleinen Magnets. Wenn der Nordpol nach der einen, so wird der Südpol gerade nach der entgegengesetzten Richtung getrieben.

Wir können daher durch jeden Punkt des Raumes eine Linie so ziehen, dass sie die Richtung der elektrischen oder magnetischen Kraft, d. h. der Kraft, welche daselbst auf ein positiv elektrisirtes Theilchen oder auf einen punktförmigen Nordpol wirkt, darstellt, oder auch die umgekehrte Richtung der Kraft auf ein negativ elektrisirtes Theilchen oder einen Südpol. Da dies für jeden Punkt des Raumes gilt, so können wir, von irgend einem Punkte ausgehend, eine Linie so ziehen, dass ihre Richtung in jedem ihrer Punkte mit der elektrischen oder magnetischen Kraft in diesem Punkte zusammenfällt. Diese Curve wird für jeden ihrer Punkte die Richtung dieser Kraft anzeigen und sie mag deshalb Kraftlinie heissen. Wir können in derselben Weise andere Kraftlinien ziehen, bis wir den ganzen Raum mit Curven angefüllt haben, welche durch ihre Richtung die der Kraft in jedem beliebigen Punkte anzeigen.

Wir erhalten so ein geometrisches Modell der physikalischen Kräfte, welches uns allenthalben die Richtu[illegible] der Kraft angiebt; aber es ist noch eine Methode nothwen[illegible] um auch die Intensität derselben in irgend einem Punkte auszudrücken. Letzteres gelingt, wenn wir diese Curven nicht als blosse Linien, sondern als Röhren von veränderlichem Querschnitte betrachten, in denen eine unzusammendrückbare Flüssigkeit fliesst. Da die Geschwindigkeit einer solchen Flüssigkeit dem Querschnitte verkehrt proportional ist, so können wir bewirken, dass sie sich nach einem beliebigen gegebenen Gesetze ändert, indem wir den Querschnitt der Röhre entsprechend reguliren. Wir können also erzielen, dass die Flüssigkeitsströmung in diesen Röhren durch ihre Geschwindigkeit die Intensität der Kraft, durch ihre Richtung aber deren Richtung darstellt. Diese Methode der Darstellung der Intensität der Kraft durch die Geschwindigkeit einer in einer Röhre strömend gedachten Flüssigkeit ist auf jedes denkbare System von Kräften anwendbar; doch sie vereinfacht sich ausserordentlich in dem speciellen bei den elektrischen und magnetischen Erscheinungen vorkommenden Falle, dass die Kräfte dem Quadrate der Entfernung verkehrt proportional sind. Wenn die Intensität der Kräfte vollkommen willkürlich ist, so werden im Allgemeinen Zwischenräume zwischen den Röhren vorhanden sein; dagegen ist es in dem bei den elektrischen und magnetischen Kräften vorkommenden Falle möglich, die Röhren so anzuordnen, dass sie keine Zwischenräume freilassen. Die Röhrenwände reduciren sich dann auf mathematische Flächen, welche die Richtung der Bewegung einer den ganzen Raum erfüllenden Flüssigkeit bestimmen. Es war bisher üblich, die Untersuchung der Gesetze der elektrischen und magnetischen Kräfte von vorne herein mit der Annahme zu beginnen, dass die Phänomene durch anziehende und abstossende Kräfte zwischen gewissen Punkten verursacht werden. Im Gegensatze hierzu wollen wir hier den Gegenstand von einem andern für unsere schwierigen Untersuchungen passenderen Gesichtspunkte aus betrachten, indem wir die Grösse und Richtung der Kraft, von der wir sprechen, durch die Geschwindigkeit und Bewegungsrichtung einer unzusammendrückbaren Flüssigkeit definiren.

Ich will daher zuerst eine Methode beschreiben, durch welche die Bewegung einer derartigen Flüssigkeit geometrisch veranschaulicht werden kann, dann die Consequenzen gewisser mechanischer Annahmen ziehen, diese auf einige minder complicirte Erscheinungsgebiete der Elektricität, des Magnetismus und des Galvanismus anwenden und endlich zeigen, wie durch die Erweiterung dieser Methode und durch die Einführung einer andern Idee, die man ebenfalls *Faraday* verdankt, die Gesetze der Anziehungen und Inductionswirkungen von Magneten und Strömen übersichtlich dargestellt werden können, ohne irgend welche Annahmen über die physikalische Natur der Elektricität zu machen oder irgend eine Hypothese aufzustellen, welche über die durch das Experiment bewiesenen Thatsachen hinausgeht.[9])

Indem ich alles auf die rein geometrische Idee der Bewegung einer imaginären Flüssigkeit zurückführe, hoffe ich Allgemeinheit und Präcision zu erreichen und die Gefahren zu vermeiden, die eine Theorie mit sich bringt, welche in voreiligen Hypothesen die wahren Ursachen der Erscheinungen gefunden zu haben beansprucht. Die rein geometrischen Betrachtungen, welche ich vorzubringen gedenke, haben ihren Zweck erfüllt, wenn sie den Experimentalphysikern zur übersichtlichen Anordnung und Deutung ihrer Resultate nützlich sind. Die Aufstellung einer definitiven Theorie, welche die physikalischen Thatsachen durch bestimmte Annahmen über das Wesen der Dinge erklärt, wäre nur jemandem möglich, der durch eigene Experimente neue Fragen an die Natur stellte und hierdurch vollen Einblick in den wahren Zusammenhang aller Gebiete der mathematischen Theorie gewänne.

B. Theorie der Bewegung einer unzusammendrückbaren Flüssigkeit.

(1) Der Substanz, um welche es sich hier handelt, soll keine von den Eigenschaften der gewöhnlichen Flüssigkeiten zugeschrieben werden, mit Ausnahme der Fähigkeit der Bewegung und des Widerstandes gegen Zusammendrückung. Diese Substanz ist nicht einmal eine hypothetische Flüssigkeit in dem Sinne, wie solche von den älteren Theorien zur Erklärung der Erscheinungen angenommen wurden. Sie ist lediglich ein Inbegriff imaginärer Eigenschaften, welcher den Zweck hat, gewisse Theoreme der reinen Mathematik in einer anschaulicheren und auf physikalische Probleme leichter anwendbaren Form darzustellen, als es durch Anwendung rein algebraischer Symbole geschehen kann. Der Gebrauch des Wortes Flüssigkeit wird uns nicht irre führen, wenn wir eingedenk bleiben, dass es eine rein imaginäre Substanz von folgender Eigenschaft bezeichnet:

Jeder Theil der Flüssigkeit, welcher zu irgend einer Zeit ein gegebenes Volumen einnimmt, nimmt zu jeder folgenden Zeit ein gleiches Volumen ein. Dieses Gesetz drückt die Unzusammendrückbarkeit der Flüssigkeit aus und liefert uns ein bequemes Maass ihrer Menge, nämlich ihr Volumen. Die Einheit der Menge der Flüssigkeit wird daher die Einheit des Volumens sein.

(2) Die Richtung der Bewegung der Flüssigkeit wird im Allgemeinen in den verschiedenen Punkten des von ihr eingenommenen Raumes verschieden sein, aber da diese Richtung für jeden Punkt eine bestimmte ist, so können wir uns vorstellen, dass eine Linie in irgend einem Punkt beginnt und so fortgesetzt wird, dass jedes Element der Linie durch seine Richtung die Richtung der Bewegung in dem Punkte des Raumes angiebt, durch den es hindurchgeht. Diese Linien, welche also so zu ziehen sind, dass ihre Richtung immer die Richtung der Flüssigkeitsbewegung angiebt, nennt man Stromlinien.

Wenn die Bewegung der Flüssigkeit stationär ist, d. h. wenn die Richtung und Geschwindigkeit der Bewegung in jedem festen Punkte des Raumes unabhängig von der Zeit ist, werden diese Curven die Bahnen der einzelnen Flüssigkeitstheilchen darstellen; wenn dagegen die Bewegung nicht stationär ist, wird dies nicht mehr allgemein der Fall sein.[10]) Wir werden im Folgenden nur solche Fälle betrachten, wo die Flüssigkeitsbewegung stationär ist.

(3) Wenn wir auf irgend einer Fläche, welche die Stromlinien schneidet, eine geschlossene Curve zeichnen und die von jedem Punkte dieser Curve ausgehende Stromlinie ziehen, so werden alle diese Stromlinien eine röhrenförmige Fläche bilden, welche wir eine Stromröhre nennen wollen. Weil die letztere Fläche von Linien gebildet ist, die alle die Richtung der Flüssigkeitsbewegung haben, so kann kein Flüssigkeitstheilchen durch sie hindurchströmen, so dass diese gedachte Fläche für die Flüssigkeit ebenso undurchdringlich ist, wie eine wirkliche Röhre.

(4) Die Menge der Flüssigkeit, welche in der Zeiteinheit irgend einen Querschnitt der Röhre durchfliesst, ist dieselbe, wo und wie immer der Querschnitt durch die Röhre gelegt wird. Da die Flüssigkeit unzusammendrückbar ist und kein Antheil derselben durch die Seitenwand der Röhre fliesst, so sieht man sofort ein, dass die Menge, welche durch einen

folgenden Querschnitt austritt, gleich der sein muss, die durch einen beliebigen früheren eintritt.

Wenn die Röhre so beschaffen ist, dass die Volumeneinheit der Flüssigkeit durch jeden Querschnitt in der Zeiteinheit hindurchgeht, so nennen wir sie eine Einheitsröhre der Flüssigkeitsströmung.

(5) Wenn wir irgend welche von den verschiedenen endlichen Einheiten, die wir im Folgenden kennen lernen werden, zu Grunde legen, so erhalten wir auch eine endliche Anzahl von Einheitsröhren, welche von einer endlichen Zahl von Flächen begrenzt sind. Um aber die Bewegung an jedem Punkt in der Flüssigkeit zu bestimmen, müsste eine unendliche Zahl von Linien in unendlich kleinen Abständen gezogen werden. Da nun die Beschreibung eines solchen Systems von Linien eine fortwährende Bezugnahme auf die Limitentheorie mit sich bringen würde, habe ich es vorgezogen, die Zwischenräume zuerst so zu wählen, dass durch jede Röhre in der Zeiteinheit die Flüssigkeitsmenge eins fliesst, und erst hinterher die Einheit selbst beliebig klein anzunehmen, indem ich sie gleich einem kleinen Bruchtheil irgend einer in der Praxis üblichen Einheit setze.

(6) Bestimmung der Bewegung der gesammten Flüssigkeit mittelst eines Systems von Einheitsröhren. Wir wollen nun irgend eine feste Fläche annehmen, welche alle Stromlinien schneidet; darauf ziehen wir ein System von Curven, welche sich unter einander nicht schneiden, und ein zweites System von Curven, welche das erste System schneiden. Die Curven sollen so angeordnet sein, dass jedes durch die Durchschneidung der beiden Curvensysteme gebildete vierseitige Flächenstück in der Zeiteinheit von der Einheit der Flüssigkeit durchströmt wird. Durch jeden Punkt einer Curve des ersten Systems soll eine Stromlinie gezogen werden; diese Stromlinien werden eine Fläche bilden, durch welche keine Flüssigkeit hindurchgeht. Aehnliche undurchlässige Flächen können durch alle übrigen Curven des ersten Systems gelegt werden. In gleicher Weise kann durch die Curven des zweiten Systems ein zweites System undurchlässiger Flächen gelegt werden, welche durch ihren Durchschnitt mit dem ersten Systeme vierseitige Röhren bilden; letztere werden nach der obigen Definition Stromröhren sein. Da durch jedes vierseitige Flächenstück der die Röhren schneidenden Fläche, von der wir ausgingen, in der Einheit der Zeit die Flüssigkeitsmenge eins hindurchgeht, so wird durch

jeden Querschnitt jeder Röhre ebenfalls in der Zeiteinheit die Flüssigkeitsmenge eins strömen. Die Bewegung der Flüssigkeit in jedem Theile des von ihr erfüllten Raumes ist durch dieses System von Einheitsröhren bestimmt; denn die Richtung der Bewegung ist die der Einheitsröhre, welche durch den fraglichen Punkt geht, in diesem Punkte, und die Geschwindigkeit ist der reciproke Werth des Flächeninhalts des Querschnitts dieser Einheitsröhre in diesem Punkte.

(7) Wir haben nun eine geometrische Construction erhalten, welche die Bewegung der Flüssigkeit vollständig bestimmt, indem wir den von ihr erfüllten Raum in ein System von Einheitsröhren eingetheilt haben, und es ist zu zeigen, welchen Nutzen dieselbe beim Studium der verschiedenen möglichen Bewegungsarten der Flüssigkeit gewährt.

Eine Einheitsröhre kann entweder a) in sich selbst zurückkehren oder es kann b) Anfangspunkt und Endpunkt derselben verschieden sein. Diese Punkte können im letzteren Falle entweder in der Begrenzungsfläche oder im Innern des Raumes liegen, in welchem die untersuchte Bewegung vor sich geht. Im Falle a) findet in der Röhre eine continuirliche Circulation der Flüssigkeit statt, im Falle b) aber tritt die Flüssigkeit am einen Ende in die Röhre ein und fliesst am anderen aus. Wenn die Enden der Röhre in der Begrenzungsfläche liegen, kann vorausgesetzt werden, dass die Flüssigkeit immer von aussen aus einer unbekannten Quelle ersetzt wird und auf der anderen Seite in ein unbekanntes Reservoir abfliesst; wenn dagegen der Anfang oder das Ende der Röhre im Innern des betrachteten Raumes liegt, müssen wir uns vorstellen, dass im ersten Falle die Flüssigkeit durch eine Quelle im Innern des Raumes fortwährend wieder ersetzt wird, welche im Stande ist, in der Einheit der Zeit die Einheit der Flüssigkeit hervorzubringen und auszusenden, im zweiten Falle aber durch einen Abzug verschluckt wird, welcher fortwährend im Stande ist, dieselbe Menge aufzunehmen und zu zerstören.

Es liegt kein Widerspruch in der Vorstellung solcher Stellen, wo die Flüssigkeit erschaffen oder vernichtet wird. Die Eigenschaften der Flüssigkeit liegen ja ganz in unserem Belieben. Gerade so, wie es uns freistand, sie absolut unzusammendrückbar vorzustellen, können wir jetzt voraussetzen, dass sie an gewissen Stellen aus nichts hervorgebracht und an anderen wieder in nichts aufgelöst wird[11]). Die Stellen, wo Flüssigkeit hervorgebracht wird, wollen wir Entstehungsstellen nennen und ihre Intensität soll gegeben sein durch die Anzahl der Einheiten der Flüssigkeitsmenge, welche sie in der Zeiteinheit entwickeln. Die Stellen, wo Flüssigkeit vernichtet wird, wollen wir Vernichtungsstellen nennen und ihre Intensität durch die Anzahl der Einheiten der Flüssigkeitsmenge messen, welche daselbst in der Zeiteinheit absorbirt wird. Beide Gattungen von Stellen werden wir als Quellen bezeichnen, so dass unter einer positiven Quelle eine Entstehungsstelle, unter einer negativen eine Vernichtungsstelle zu verstehen ist.

(8) Es ist evident, dass die Menge der Flüssigkeit, welche durch irgend eine feste Fläche hindurchgeht, durch die Anzahl der diese Fläche schneidenden Einheitsröhren gemessen wird, und die Richtung, in welcher die Flüssigkeit hindurchgeht, durch die Durchgangsrichtung der Röhren bestimmt ist. Wenn die Fläche eine geschlossene ist, so muss jede Röhre, deren beide Enden auf derselben Seite der Fläche liegen, die Fläche ebenso oft in der einen als in der anderen Richtung durchschneiden und daher ebenso viel Flüssigkeit aus dem von der Fläche umschlossenen Raum hinaus- als in denselben hineinführen. Eine Röhre, welche innerhalb der Fläche beginnt und ausserhalb endigt, wird in der Zeiteinheit die Flüssigkeitsmenge eins hinausführen; wenn sie dagegen in die Fläche eintritt und darin endigt, wird sie dieselbe Menge hineinführen. Um daher die Menge der Flüssigkeit, welche in der Zeiteinheit aus dem von der Fläche umschlossenen Raum austritt, zu berechnen, müssen wir die Anzahl der Röhren, welche innerhalb der Fläche enden, von der Anzahl derjenigen abziehen, welche darin beginnen. Sobald das Resultat negativ ist, wird im Ganzen Flüssigkeit hineinströmen. Wenn wir den Anfang einer Einheitsröhre als eine Entstehungsstelle eins, ihr Ende als eine Vernichtungsstelle eins bezeichnen, so ist die Menge der Flüssigkeit, welche im Innern der Fläche mehr entsteht als vernichtet wird, durch die Differenz zwischen der Anzahl der Entstehungsstellen eins und der Vernichtungsstellen eins innerhalb der Fläche gegeben. Diese Menge muss vermöge der Unzusammendrückbarkeit der Flüssigkeit aus dem von der Fläche umschlossenen Raume austreten. Wenn wir von Einheitsröhren, Entstehungsstellen und Vernichtungsstellen eins reden, müssen wir bedenken, was in (5) über die Grösse der Einheit festgesetzt worden ist und wie wir durch Verkleinerung ihrer Grösse und Vermehrung der Zahl der B

letztere beliebig dicht drängen und eine continuirliche Geschwindigkeitsvertheilung in beliebiger Annäherung darstellen können.

(9) Fassen wir zwei verschiedene Fälle ins Auge. In jedem derselben sei die Richtung und Geschwindigkeit der Flüssigkeit für jeden Punkt gegeben. Wir stellen uns nun einen dritten Fall vor, wo für jeden Punkt die Richtung und Geschwindigkeit der Flüssigkeit durch die Resultirende der Geschwindigkeiten für denselben Punkt in den beiden früheren Fällen gegeben ist; dann wird die Flüssigkeitsmenge, welche eine gegebene feste Fläche in dem dritten Falle durchströmt, die algebraische Summe der beiden Mengen sein, welche dieselbe Fläche in den beiden früheren Fällen durchströmen. Denn die Flüssigkeitsmenge, welche irgend ein Flächenelement durchströmt, ist proportional der Projection der Geschwindigkeit auf die Normale zum Flächenelement und die Projection der Resultirenden ist gleich der Summe der Projectionen der Componenten.

Daher muss die Zahl der Einheitsröhren, welche die Fläche in dem dritten Falle auswärts gerichtet durchsetzen, die algebraische Summe der Zahl der Röhren sein, welche sie in den beiden früheren Fällen durchsetzten, wobei jede austretende Röhre positiv, jede eintretende negativ zählt; ebenso ist auch die Zahl der Quellen in irgend einem geschlossenen Raume im dritten Falle die Summe der Zahlen derselben in den beiden früheren Fällen. Da der geschlossene Raum so klein angenommen werden kann, als man will, so ist es klar, dass die Vertheilung der Einströmungs- und Ausströmungsstellen in dem dritten Falle durch die einfache Superposition der Vertheilungen in den beiden früheren Fällen entsteht.

C. Theorie der gleichförmigen Bewegung einer unwägbaren [massenlosen] unzusammendrückbaren Flüssigkeit durch ein widerstehendes Mittel.

(10) Nun soll vorausgesetzt werden, dass die Flüssigkeit keine Trägheit besitzt und dass ihrer Bewegung eine Kraft entgegenwirkt [12]). Diese soll so beschaffen sein, dass wir uns vorstellen können, sie rühre von dem Widerstand eines Mediums her, durch welches wir uns die Flüssigkeit strömend denken. Dieser Widerstand kann erstens von der Natur des Mediums, zweitens von der Geschwindigkeit und drittens im allgemeinen

auch von der Richtung der Bewegung der Flüssigkeit abhängen.[13]) Zunächst jedoch wollen wir uns auf den Fall eines isotropen Mediums beschränken, dessen Widerstand in allen Richtungen derselbe ist. In diesem Falle nehmen wir folgendes Gesetz an:

Jeder Theil der Flüssigkeit, welcher sich durch das widerstehende Mittel bewegt, erfährt eine seiner Geschwindigkeit proportionale verzögernde [der Bewegungsrichtung entgegengesetzte] Kraft.

Wenn die Geschwindigkeit mit v bezeichnet wird, so ist der Widerstand eine Kraft von der Intensität kv, welche auf die Volumeinheit der Flüssigkeit in einer Richtung wirkt, die der Bewegungsrichtung gerade entgegengesetzt ist; k soll der Widerstandscoefficient des betreffenden Mediums heissen. Um daher die Geschwindigkeit constant zu erhalten, muss der Druck hinter jedem Theile der Flüssigkeit grösser als vor demselben sein, so dass die Differenz der Drucke die Wirkung des Widerstandes aufhebt. Denken wir uns einen Flüssigkeitswürfel vom Volumen eins (welcher die Mengeneinheit der Flüssigkeit enthält und welchen wir nach 5 so klein annehmen können, als wir wollen) in einer Richtung senkrecht zu zwei seiner Flächen bewegt. Derselbe erfährt den Widerstand kv und daher ist auch die Differenz der auf jene beiden Flächen wirkenden Drucke kv, so dass der Druck längs jeder Stromlinie in der Richtung der Bewegung pro Längeneinheit um kv abnimmt[14]). An den beiden Enden eines Stückes einer Stromlinie von der Länge h wird daher der Druckunterschied gleich kvh sein.

(11) Da wir voraussetzen, dass sich der Druck continuirlich in der Flüssigkeit ändert, so werden alle Punkte, in denen er einen gegebenen Werth p hat, auf einer bestimmten Fläche liegen, welche wir die Fläche (p) gleichen Drucks nennen. Wenn wir eine Reihe solcher Flächen in der Flüssigkeit construiren, die den Drucken 0, 1, 2, 3 u. s. w. entsprechen, so wird die Nummer der Fläche den Druck angeben, welcher ihr zugehört, und die Flächen selbst mögen bezeichnet werden als die Flächen 0, 1, 2, 3 u. s. w. Als Einheit des Drucks wählen wir denjenigen, welcher von der Einheit der Kraft auf die Einheit der Fläche ausgeübt wird. Um daher, wie in (5), die Einheit des Druckes zu vermindern, müssen wir die Einheit der Kraft entsprechend verkleinern.

(12) Es ist leicht einzusehen, dass diese Flächen gleichen Druckes auf den Stromlinien senkrecht stehen müssen; denn

wenn die Flüssigkeit sich schief gegen die Richtung des stärksten Druckgefälles bewegen würde, so würde sie einen Widerstand erfahren, dem durch keine Druckdifferenz das Gleichgewicht gehalten werden könnte[15]). Wir müssen uns erinnern, dass die hier betrachtete Flüssigkeit keine Trägheit oder Masse besitzt und dass sie nur diejenigen Eigenschaften hat, welche wir ihr ausdrücklich beigelegt haben, so dass Widerstände und Drucke ihre einzigen mechanischen Eigenschaften sind. Wir haben also außer den beiden Systemen von Flächen, welche durch ihren Durchschnitt das System der Einheitsröhren bilden, noch das System der Flächen gleichen Drucks, welches die beiden anderen Flächensysteme rechtwinklig durchschneidet. Sei h die Entfernung zwischen zwei sich folgenden Flächen gleichen Drucks, gemessen längs einer Stromlinie, dann ist, da die Differenz der Drucke $= 1$ ist:

$$kvh = 1 ,$$

was eine Beziehung zwischen v und h liefert, so dass die eine dieser Grössen gefunden werden kann, wenn die andere bekannt ist. Sei s der Flächeninhalt eines Querschnitts einer Einheitsröhre, gemessen auf einer Fläche gleichen Drucks, dann haben wir nach der Definition der Einheitsröhre

$$vs = 1 ,$$

und finden aus den letzten beiden Gleichungen

$$s = kh .$$

(13) Die Flächen gleichen Druckes schneiden aus den Einheitsröhren Volumelemente von der Länge h und dem Querschnitt s heraus. Alle diese Volumelemente der Einheitsröhren wollen wir »Einheitszellen« nennen. In jeder derselben geht in der Zeiteinheit die Einheit des Flüssigkeitsvolumens vom Drucke p zum Druck $p-1$ über und überwindet daher in dieser Zeit die Einheit des Widerstandes. Die hierauf von der Flüssigkeit aufgewendete Arbeit ist also in jeder Einheitszelle in der Zeiteinheit ebenfalls gleich eins.

(14) Wenn die Flächen gleichen Druckes gegeben sind, kann man daraus die Richtung und Grösse der Geschwindigkeit der Flüssigkeit in jedem Punkte berechnen und daher das System der Stromröhren vollständig construiren, Anfang und Ende derselben ermitteln und die Entstehungs- und Vernichtungsstellen angeben. Um aber auch das Umgekehrte hiervon zu beweisen, d. h. um zu zeigen, dass der Druck in

jedem Punkte bestimmt ist, wenn die Lage und Intensität aller Quellen gegeben ist, müssen wir einige Hülfssätze vorausschicken.

(15) Es sei in zwei verschiedenen Fällen der Druck der Flüssigkeit in jedem Punkte gegeben und in einem dritten Falle sei der Druck in jedem Punkte gleich der Summe der Drucke, welche in den beiden früheren Fällen in demselben Punkte geherrscht haben; dann ist auch die Geschwindigkeit der Flüssigkeit im dritten Falle in jedem Punkte die Resultirende der Geschwindigkeiten, die in den beiden früheren Fällen herrschten, und die Vertheilung der Quellen ist im dritten Falle einfach die Superposition der Vertheilungen in den beiden früheren Fällen.

Denn die Geschwindigkeitscomponente nach irgend einer Richtung ist proportional der auf die Längeneinheit entfallenden Druckabnahme in dieser Richtung. Wenn wir daher zwei Systeme von Drucken addiren, so wird auch die Druckabnahme nach jeder beliebigen Richtung und daher auch die Geschwindigkeitscomponente der Flüssigkeit nach jeder Richtung einfach addirt. Daher ist auch die gesammte Geschwindigkeit der Flüssigkeit im dritten Falle in jedem Punkte die resultirende der beiden Geschwindigkeiten, die im ersten, resp. zweiten Falle im selben Punkte herrschten.

Hieraus folgt nach (9), dass in dem dritten System die Menge der Flüssigkeit, welche irgend eine fixe Fläche durchströmt, gleich der Summe der Flüssigkeitsmengen ist, welche in den beiden früheren Fällen dieselbe Fläche durchströmten, und dass die Quellen der beiden ersten Systeme durch einfache Addition die des dritten geben.

Es ist selbstverständlich, dass, wenn in dem dritten Systeme der Druck die Differenz der für die beiden ersteren geltenden Drucke ist, die Vertheilung der Quellen des dritten Systems gefunden wird, indem man alle Quellen des zweiten Systems mit verkehrten Zeichen zu denen des ersten Systems addirt.

(16) Wenn in jedem Punkte einer geschlossenen Fläche der Druck gleich einer und derselben Grösse p ist und wenn in dem von der Fläche umschlossenen Raum keine Entstehungs- oder Vernichtungsstellen sind, so ist innerhalb derselben die Flüssigkeit in Ruhe und der Druck ist daselbst überall constant gleich p.

Denn wenn in dem von der Fläche umschlossenen Raume irgend eine Flüssigkeitsbewegung stattfände, so müssten daselbst auch Stromröhren sein, welche entweder in sich selbst zurücklaufen oder im Innern des von der Fläche umschlossenen

Raumes oder in dieser selbst enden müssten. Da nun die Flüssigkeit immer von Stellen grösseren zu Stellen kleineren Druckes fliesst, so kann sie nicht in einer in sich zurückkehrenden Bahn strömen; da im Innern des von der Fläche umschlossenen Raumes keine Entstehungs- oder Vernichtungsstellen sind, so können daselbst auch Stromlinien weder beginnen noch enden; da endlich der Druck in allen Punkten der Fläche derselbe ist, so kann die Flüssigkeit in keiner Stromröhre fliessen, deren beide Enden auf der Fläche liegen. Weil nun im ganzen von der Fläche umschlossenen Raume keine Flüssigkeitsbewegung stattfindet, so kann auch nirgends eine Druckdifferenz vorhanden sein, da diese sofort Flüssigkeitsströmung erzeugen würde; es muss also der Druck überall gleich dem in der geschlossenen Fläche herrschenden Drucke p sein.

(17) Wenn der Druck in jedem Punkte einer gegebenen geschlossenen Fläche und die Intensität und Lage aller Quellen in dem von der Fläche umschlossenen Raume gegeben sind, so kann in diesem Raume nur eine einzige Druckvertheilung existiren.

Denn wenn zwei verschiedene Druckvertheilungen möglich wären, welche obigen Bedingungen genügen, so könnten wir daraus eine dritte ableiten, bei welcher der Druck an jedem Punkt gleich der Differenz der in den beiden früheren Fällen daselbst herrschenden Drucke wäre. In diesem dritten Falle wäre dann nach (15) der Druck auf der ganzen geschlossenen Fläche gleich Null und es wären innerhalb des von ihr umschlossenen Raumes auch keine Quellen.

Daher müsste nach (16) im dritten Falle der Druck in jedem Punkte dieses Raumes Null sein. Derselbe ist aber die Differenz der Drucke in den beiden ersteren Fällen, und da diese Differenz allgemein gleich Null ist, so können überhaupt zwei verschiedene Druckvertheilungen nicht existiren.[16])

(18) Wir betrachten nun eine unendliche Flüssigkeitsmasse, in deren Mitte sich nur eine einzige Quelle (und zwar eine Entstehungsstelle eins) befindet. In unendlicher Entfernung von dieser Quelle soll der Druck überall Null sein. Wir wollen den Druck an einer beliebigen Stelle aufsuchen.

Die Flüssigkeit wird von der Quelle symmetrisch nach allen Richtungen ausströmen, und da durch jede Kugelfläche, welche die Quelle zum Mittelpunkt hat, in der Zeiteinheit die Flüssigkeitsmenge eins strömt, so ist die Geschwindigkeit in der Entfernung r von der Quelle

$$v = \frac{1}{4\pi r^2}.$$

Die Abnahme des Druckes pro Längeneinheit in der Richtung der Geraden r, d. h. der negative Differentialquotient des Druckes nach r, ist, wie wir sahen

$$k v = \frac{k}{4\pi r^2},$$

und da für $r = \infty$, $p = 0$ ist, so folgt

$$p = \frac{k}{4\pi r}$$

für den Werth des Druckes in irgend einem Punkte.

Der Druck ist daher der Entfernung von der Quelle verkehrt proportional.

Es versteht sich von selbst, dass eine Vernichtungsstelle eins einen gleichen, nur entgegengesetzt bezeichneten Druck zur Folge haben wird.

Durch eine Quelle, welche durch das gleichzeitige Vorhandensein von S Entstehungsstellen eins gebildet wird und welche wir in (7) eine Quelle von der Intensität S nannten, wird der Druck

$$p = \frac{kS}{4\pi r}$$

bedingt, so dass der Druck in einer gegebenen Entfernung dem Product aus dem Widerstandscoefficienten k und der Intensität S der Quelle proportional ist.

(19) Wenn eine Anzahl von Entstehungs- und Vernichtungsstellen gleichzeitig in der Flüssigkeit vorhanden ist, so brauchen wir nur, um den resultirenden Druck zu finden, sämmtliche Drucke zu addiren, welche durch die einzelnen Entstehungs- und Vernichtungsstellen erzeugt werden. Denn dies ist nach (15) eine Lösung der Aufgabe und nach (17) die einzig mögliche. Auf diese Weise können wir den Druck finden, wenn die Vertheilung der Quellen gegeben ist, gerade so wie wir durch die in (14) angegebene Methode die Vertheilung der Quellen bestimmen können, wenn umgekehrt die Druckvertheilung gegeben ist.[17])

(20) Wir wollen uns nun irgend eine unbewegliche Fläche im Raume denken, welche die Stromlinien schneidet, und beweisen, dass wir die Flüssigkeit, welche sich auf der einen Seite dieser Fläche befindet, jedesmal durch eine Anordnung von Quellen auf der Fläche selbst ersetzen können, ohne die Bewegung der Flüssigkeit auf der anderen Seite irgendwie zu verändern.

In der That, wenn wir das System der Einheitsröhren construiren, welches die betreffende Bewegung darstellt, und überall, wo eine Einheitsröhre durch die Fläche eintritt, eine Entstehungsstelle eins, wo eine solche austritt, eine Vernichtungsstelle eins anbringen und gleichzeitig die Fläche für die Flüssigkeit undurchdringlich machen, so wird die Bewegung der Flüssigkeit in den Röhren wie früher vor sich gehen.

(21) Wenn in einem Medium, dessen Widerstandscoefficient k ist, die Vertheilung der Quellen bekannt ist, welche ein gegebenes System von Drucken erzeugt, so braucht man nur die Flüssigkeitsmenge, welche jede Quelle erzeugt, also die Intensität jeder Quelle mit k zu multipliciren, um die Quellen zu finden, welche in einem Medium, dessen Widerstandscoefficient eins ist, dasselbe System von Drucken zu erzeugen. Denn da der Druck, welcher durch irgend eine Quelle erzeugt wird, dem Product aus dem Widerstandscoefficienten und der Intensität der Quelle proportional ist, so muss die Intensität der Quellen in demselben Verhältniss vergrössert werden, in dem der Widerstandscoefficient abnimmt, wenn der Druck unverändert bleiben soll.

(22) Ueber die Bedingungen, welche an der Trennungsfläche zweier Medien von verschiedenem Widerstandscoefficienten (k und k') erfüllt sein müssen.

Diese ergeben sich aus der Ueberlegung, dass die Flüssigkeitsmenge, welche in irgend einer Zeit durch ein Flächenelement der Trennungsfläche aus dem einen Medium ausfliesst, während derselben Zeit durch dasselbe Flächenelement in das andere Medium einströmen muss, und dass der Druck an der Trennungsfläche keinen Sprung machen darf. Aus der ersteren Bedingung folgt, dass an jeder Stelle der Trennungsfläche die Geschwindigkeitscomponente der Flüssigkeit normal zur Trennungsfläche in beiden Medien dieselbe ist und daher die Differentialquotienten des Druckes [in der Richtung der Normalen zur Trennungsfläche an beiden Seiten] sich wie die Widerstandscoefficienten verhalten. [Da ferner der Werth des Drucks selbst nirgends einen Sprung machen darf, so muss auch der Differentialquotient des Druckes in irgend einer der Trennungsfläche parallelen Richtung zu beiden Seiten derselben den gleichen Werth haben.] Die Richtung der Stromröhren und der Flächen gleichen Drucks erfährt also an der Trennungsfläche eine plötzliche Aenderung, welche durch folgende Gesetze bestimmt ist: die Richtung der Stromröhre bleibt in der

Ebene, welche die Einfallsrichtung und die Normale zur Trennungsfläche enthält, und die Tangente des Einfallswinkels verhält sich zu der des Brechungswinkels wie k' zu k.[18])

(23) Es sei der Raum innerhalb einer gegebenen geschlossenen Fläche mit einem Medium erfüllt, welches verschieden von dem umgebenden ist, und der Druck in jedem Punkte dieses zusammengesetzten Systems gegeben, welcher durch eine gegebene Vertheilung von Quellen innerhalb und ausserhalb der Fläche erzeugt wird. Es wird die Vertheilung der Quellen gesucht, welche in einem homogenen Medium vom Widerstandscoefficienten eins an jedem Punkte denselben Druck erzeugen würde.

Man construire die Stromröhren, und wo immer eine Einheitsröhre in das eine oder andere Medium eintritt, bringe man eine Entstehungsstelle eins, wo aber eine Einheitsröhre austritt, eine Vernichtungsstelle eins [in dem betreffenden Medium] an. Macht man hierauf die Trennungsfläche für die Flüssigkeit undurchdringlich, so geht alles genau wie früher vor sich.

Sei der Widerstandscoefficient des äusseren Mediums k, der des inneren k', so braucht man nur die Intensität aller im äusseren Medium liegenden Quellen (mit Einschluss der an der Trennungsfläche in diesem Medium liegenden) mit k zu multipliciren, den Widerstandscoefficienten aber auf die Einheit zu reduciren, so bleibt im äusseren Medium die Druckvertheilung unverändert und dasselbe gilt für das innere Medium, wenn wir dessen Widerstandscoefficienten ebenfalls gleich eins machen und die Intensitäten aller Quellen darin mit Einschluss der an der Trennungsfläche liegenden mit k' multipliciren.[19])

Da nun [in jedem Punkte der Trennungsfläche] der Druck zu beiden Seiten derselben gleich ist, so können wir diese wieder für die Flüssigkeit durchdringlich machen, ohne die Strömung und Druckvertheilung dadurch zu ändern.

Wir haben nun die Druckvertheilung, die ursprünglich im zusammengesetzten Medium herrschte, in einem homogenen Medium durch die Combination von drei Systemen von Quellen erzeugt. Das erste ist identisch mit dem Systeme der Quellen, die ursprünglich ausserhalb lagen, das zweite mit dem Systeme von Quellen, die ursprünglich innerhalb lagen, nur dass die Intensität jeder der erstern Quellen mit k, jeder der letztern mit k' multiplicirt erscheint, das dritte System von Quellen ist das an der Oberfläche selbst liegende. In dem ursprünglich gegebenen Falle entsprach jeder Entstehungsstelle eins an der Aussenseite der Trennungsfläche eine Vernichtungsstelle eins an der Innenseite. Da aber nun die Intensität jener Entstehungsstelle mit k, die der Vernichtungsstelle aber mit k' multiplicirt wurde, so muss jeder Entstehungsstelle eins an der Aussenfläche noch eine Entstehungsstelle von der Intensität $(k - k')$ an der Trennungsfläche entsprechen. Mittelst dieser drei Systeme von Quellen wird die ursprünglich gegebene Druckvertheilung in dem homogenen Medium mit dem Widerstandscoefficienten eins erzeugt.

(24) Wenn innerhalb einer geschlossenen Fläche das Medium ohne Widerstand, also $k' = 0$ ist, so ist der Druck innerhalb derselben daher auch auf der Fläche selbst constant; er sei gleich p. Wenn wir in dem Falle, dass innerhalb der geschlossenen Fläche der Widerstandscoefficient derselbe wie ausserhalb ist, durch Hinzufügung beliebiger Quellen innerhalb der geschlossenen Fläche erzielen können, dass ausserhalb alles wie im ersten Falle bleibt und der Druck auf der ganzen geschlossenen Fläche constant wird, so ist die hiebei sich ergebende Druckvertheilung im äussern Medium im Vereine mit der Gleichförmigkeit des Drucks innerhalb der Fläche die wahre und einzig mögliche Druckvertheilung [in dem zu Anfang dieses Absatzes angenommenen Falle].[20])

Denn, wenn zwei verschiedene derartige Druckvertheilungen durch Fingirung verschiedener Quellen im innern Medium gefunden werden könnten, so würden wir durch Bildung der Differenz derselben eine dritte Druckvertheilung erhalten, bei welcher der Druck auf der geschlossenen Fläche constant wäre und innerhalb derselben eben so viel Entstehungs- als Vernichtungsstellen eins wären, so dass für jede Flüssigkeitsmenge, die an einer Stelle einströmt, an einer andern eine gleiche ausströmen müsste.

Nun zerstören sich aber alle Quellen in dem umgebenden Medium; wir haben daher ein unendliches Medium ohne Quellen, welches das innere Medium umgiebt. Der Druck im Unendlichen ist Null, der auf der Trennungsfläche constant. Wenn derselbe positiv ist, so muss die Flüssigkeitsbewegung von jedem Punkte der Trennungsfläche auswärts gerichtet sein; ist er dagegen negativ, so muss die Flüssigkeit überall in die geschlossene Fläche einströmen. Nun haben wir aber bewiesen, dass keiner dieser beiden Fälle möglich ist, dass vielmehr eben so viel Flüssigkeit aus der geschlossenen Fläche aus-, als in sie eintreten muss. Daher muss bei der dritten Druckvertheilung der Druck in der geschlossenen Fläche Null sein.

Der Druck in allen Punkten der Begrenzungsfläche des äussern Mediums ist also im dritten Falle gleich Null, und da in demselben keine Quellen sind, so ist der Druck nach (16) daselbst überall Null.

Der Druck auf der Begrenzungsfläche des innern Mediums ist aber ebenfalls Null, und da daselbst kein Widerstand ist, so ist er auch im innern Medium überall Null; aber im dritten Falle ist der Druck gleich der Differenz der Drucke in den beiden gegebenen Fällen; daher sind diese gleich und es ist nur eine einzige Druckvertheilung möglich, nämlich die durch die hinzugedachten Entstehungs- und Vernichtungsstellen bedingte.

(25) Wenn in dem innern Medium der Widerstand unendlich ist, so kann durch dasselbe weder Flüssigkeit ein- noch austreten. Die Begrenzungsfläche kann daher als für die Flüssigkeit undurchdringlich betrachtet werden, und die Stromröhren werden längs derselben fortlaufen, ohne sie zu schneiden.

Die Druckvertheilung im äussern Medium finden wir dann in folgender Weise: Wir setzen den Widerstandscoefficienten des innern Mediums gleich dem des äussern und fügen (was immer möglich ist) zu den gegebenen Quellen im äussern Medium andere Quellen im innern so hinzu, dass durch die Trennungsfläche nirgends Flüssigkeit hindurchströmt. Denn vermöge dieses letztern Umstands sind die Stromröhren im Innern vollkommen unabhängig von den äussern und können ganz hinweggedacht werden, ohne dass die äussere Bewegung gestört wird.

(26) Wenn der Raum, den das innere Medium einnimmt, klein und die Verschiedenheit des Widerstandscoefficienten in beiden Medien ebenfalls klein ist*), so ist die Lage der Einheitsröhren nur wenig verschieden von derjenigen, welche eintreten würde, wenn das äussere Medium den ganzen Raum erfüllen würde.

Unter dieser Voraussetzung können wir leicht die Veränderung berechnen, welche die kleine Verschiedenheit des innern Medium von dem äussern hervorbringt. [Wir berechnen zuerst die Strömung, welche die gegebenen Quellen erzeugen würden, wenn der Widerstandscoefficient überall gleich k wäre]. Wo dann eine Einheitsröhre in das innere Medium eintritt, bringen wir noch eine Entstehungsstelle von der Intensität $\frac{(k'-k)}{k}$ an,

*) [Die letztere Bedingung allein genügt wohl schon.]

und wo eine solche Röhre austritt, denken wir uns noch eine Vernichtungsstelle von gleicher Intensität. Wenn wir dann die Druckvertheilung so berechnen, als ob der Widerstandscoefficient in beiden Medien denselben Werth k hätte, erhalten wir sehr nahe die wahre Druckvertheilung. Wenn wir auf die neu hinzugekommene Strömung dieselbe Rechnungsoperation nochmals anwenden, so erhalten wir einen zweiten Grad von Annäherung u. s. f.

(27) In dem Falle, dass an Stelle eines plötzlichen Sprunges des Werthes des Widerstandscoefficienten dieser sich continuirlich von Punkt zu Punkt ändert, können wir das Medium so behandeln, als ob es aus dünnen Schichten bestünde, von denen jede constanten Widerstandscoefficienten hat. Indem wir auf den Trennungsflächen der Schichten Quellen in passender Weise vertheilen, können wir das Problem wie in (23) auf dasjenige reduciren, wo der Widerstandscoefficient überall gleich eins ist. Die Quellen werden dann continuirlich im ganzen Medium vertheilt sein und werden Entstehungsstellen sein, wo die Flüssigkeit von Stellen kleineren zu Stellen grösseren Widerstandscoefficienten strömt, dagegen Vernichtungsstellen an den Orten entgegengesetzter Stromrichtung.

(28) Wir haben bisher vorausgesetzt, dass der Widerstandscoefficient an einer gegebenen Stelle des Medium unabhängig von der Strömungsrichtung ist; wir können uns jedoch auch den Fall denken, dass der Widerstandscoefficient in verschiedenen Richtungen verschieden ist. In solchen Fällen werden die Stromlinien im allgemeinen nicht senkrecht auf den Flächen gleichen Druckes sein. Seien a, b, c die Componenten der Stromgeschwindigkeit in irgend einem Punkte, α, β, γ die des Widerstands in demselben Punkte, dann wird zwischen diesen sechs Grössen folgendes System dreier linearer Gleichungen bestehen, welchen wir, um uns immer rasch auf sie berufen zu können, den besondern Namen der Leitungsgleichungen beilegen wollen:

$$\begin{aligned} a &= P_1\alpha + Q_3\beta + R_2\gamma \\ b &= P_2\beta + Q_1\gamma + R_3\alpha \\ c &= P_3\gamma + Q_2\alpha + R_1\beta. \end{aligned}$$

In diesen Gleichungen kommen neun unabhängige Coefficienten vor, welche die Leitungsfähigkeit bestimmen. Um die Gleichungen zu vereinfachen, wollen wir setzen:

$$Q_1 + R_1 = 2S_1, \quad Q_1 - R_1 = 2lT \ldots$$

wo

$$4T^2 = (Q_1 - R_1)^2 + (Q_2 - R_2)^2 + (Q_3 - R_3)^2.$$

l, m, n sind die Richtungscosinus einer fixen Richtung im Raum. Dann gehen die Leitungsgleichungen über in

$$\begin{aligned} a &= P_1\alpha + S_3\beta + S_2\gamma + (n\beta - m\gamma)T \\ b &= P_2\beta + S_1\gamma + S_3\alpha + (l\gamma - n\alpha)T \\ c &= P_3\gamma + S_2\alpha + S_1\beta + (m\alpha - l\beta)T. \end{aligned}$$

Durch eine bekannte Coordinatentransformation können wir die Coefficienten S hinwegschaffen und erhalten (für eine specielle Lage des Coordinatensystems][21])

$$\begin{aligned} a &= P'_1\alpha + (n'\beta - m'\gamma)T \\ b &= P'_2\beta + (l'\gamma - n'\alpha)T \\ c &= P'_3\gamma + (m'\alpha - l'\beta)T, \end{aligned}$$

wo l', m', n' die Richtungscosinus der fixen Richtung bezüglich der neuen Coordinatenaxen sind. Wenn wir setzen:

$$\alpha = \frac{dp}{dx},\ \beta = \frac{dp}{dy},\ \gamma = \frac{dp}{dz},$$ [22])

so geht die Continuitätsgleichung

$$\frac{da}{dx} + \frac{db}{dy} + \frac{dc}{dz} = 0$$

über in

$$P'_1\frac{d^2p}{dx^2} + P'_2\frac{d^2p}{dy^2} + P'_3\frac{d^2p}{dz^2} = 0,$$

und wenn wir setzen

$$x = \xi\sqrt{P'_1},\ y = \eta\sqrt{P'_2},\ z = \zeta\sqrt{P'_3},$$

so erhalten wir die gewöhnliche Bedingungsgleichung

$$\frac{d^2p}{d\xi^2} + \frac{d^2p}{d\eta^2} + \frac{d^2p}{d\zeta^2} = 0.$$

Hieraus ist ersichtlich, dass die Druckvertheilung durch das Auftreten des Coefficienten T nicht verändert wird.[23]) Prof. *Thomson* hat gezeigt, wie man sich eine Substanz vorzustellen hat, worin der Coefficient T von Null verschieden ist. Derselbe drückt eine Eigenschaft aus, welche sich auf eine Axe bezieht, die im Gegensatze zu den Axen von P'_1, P'_2, P'_3

dipolar ist [d. h. ihre negative Richtung verhält sich nicht gleich ihrer positiven].

Nähere Ausführungen über diese Leitungsgleichungen findet man in Prof. *Stokes'* Abhandlung über die Wärmeleitung in Krystallen (Cambr. and Dublin math. journ. nov. 1851. math. a. ph. pap. II) und Prof. *Thomson's* Schrift über die dynamische Theorie der Wärme, part V [vielmehr VI], (trans. of the royal soc. of Edinburgh, vol. 21, part 1. math. a. phys. pap. I. S. 274).

Alles was in (14), (15), (16), (17) bezüglich der Superposition verschiedener Druckvertheilungen, sowie der eindeutigen Bestimmtheit der Druckvertheilung durch die Vertheilung der Quellen bewiesen wurde, gilt offenbar auch in dem Falle, dass der Widerstand continuirlich veränderlich und in verschiedenen Richtungen verschieden ist. Denn eine nähere Prüfung des Beweises zeigt, dass seine Beweiskraft durch diese Verallgemeinerungen durchaus nicht alterirt wird.

(29) Wir können nun zum Beweise gewisser Sätze schreiten, welche in dem allgemeinsten Falle gelten, dass der Widerstandscoefficient des Mediums in verschiedenen Richtungen verschieden und von Punkt zu Punkt veränderlich ist.

Wenn die Druckvertheilung bekannt ist, so können wir nach der in (28) angegebenen Methode die Flächen gleichen Druckes, die Stromröhren und die Entstehungs- und Vernichtungsstellen construiren. Da in jeder von den Zellen, in welche die Einheitsröhren durch die Flächen gleichen Druckes getheilt werden, in der Zeiteinheit die Flüssigkeitsmenge eins vom Drucke p zum Drucke $p-1$ übergeht, so wird offenbar in jeder Zelle in der Zeiteinheit die Arbeit eins auf Ueberwindung des Widerstandes verwendet.

Die Anzahl der Zellen in jeder Einheitsröhre ist bestimmt durch die Anzahl der Flächen gleichen Drucks, welche sie durchschneidet. Wenn der Druck am Anfange einer Einheitsröhre p am Ende p' ist, so ist die Anzahl der Zellen in derselben $p-p'$. Wenn sich daher die Röhre von der Entstehungsstelle bis zu einer Stelle erstrecken würde, wo der Druck Null ist, so wäre die Anzahl der Zellen p; würde sie sich dagegen von der Vernichtungsstelle [wo der Druck $-p'$ ist] bis zur Stelle, wo der Druck Null ist, erstrecken, so wäre die Anzahl der Zellen p', und die wahre Anzahl der Zellen ist der Unterschied $p-p'$.

Ist daher p der Druck an einer Entstehungsstelle von der Intensität S, von welcher also S Einheitsröhren ausgehen, so ist Sp die Anzahl der Zellen, welche durch diese Entstehungsstelle bedingt sind. Wenn aber S' von diesen Einheitsröhren an einer Vernichtungsstelle enden, an welcher der Druck p' herrscht, so müssen wir von der früher erhaltenen Zahl jetzt $S'p'$ abziehen. Nun wollen wir, da Vernichtungsstellen immer als negative Entstehungszellen betrachtet werden können, eine Entstehungsstelle von S Einheitsröhren einfach durch die Zahl S, eine Vernichtungsstelle von S' Einheitsröhren aber durch die Zahl $-S'$ charakterisiren; dann ist die Anzahl der Zellen des Systems allgemein ausgedrückt durch $\Sigma\,(Sp)$ [wobei die Summe über alle Zahlen zu erstrecken ist, welche alle Quellen charakterisiren].[24])

(30) Zu derselben Schlussfolgerung gelangt man, wenn man beachtet, dass in jeder Zelle in der Zeiteinheit die Einheit der Arbeit geleistet wird. Nun wird an jeder Entstehungsstelle von der Intensität S in der Zeiteinheit das Flüssigkeitsvolumen S unter Ueberwindung des Druckes p in den mit der Flüssigkeit erfüllten Raum hineingetrieben, wobei die Arbeit Sp der Flüssigkeit mitgetheilt wird. An jeder Vernichtungsstelle, wo S' Einheitsröhren enden, verschwindet in der Zeiteinheit das Flüssigkeitsvolumen S' unter dem Drucke p'; die Flüssigkeit leistet daher die Arbeit $S'p'$. Die ganze Arbeit, welche die Flüssigkeit in der Zeiteinheit empfängt, ist daher gegeben durch

$$W = \Sigma\, Sp - \Sigma\, S'\,p',$$

oder besser, da wir die Vernichtungsstellen als negative Entstehungsstellen betrachten,

$$W = \Sigma(Sp).$$ [25])

(31) Sei S die Intensität einer in irgend einem Medium befindlichen Quelle und p der durch diese Quelle in irgend einem Punkte erzeugte Druck. Wenn wir dann dieser Quelle eine zweite gleiche superponiren, so wird der Druck überall verdoppelt, und so finden wir durch successive Superposition, dass eine Quelle nS den Druck np hervorbringt, oder allgemeiner: die Grösse des Druckes, welcher an irgend einer Stelle durch irgend eine Quelle erzeugt wird, ist der Intensität dieser Quelle proportional. Dies wollen wir durch die Gleichung

$$p = RS$$

ausdrücken, wo R ein Coefficient ist, welcher von der Natur des Mediums und von der Lage sowohl der Quelle als auch des Punktes abhängt, in dem der Druck gesucht wird. In einem [unendlichen] homogenen, isotropen Medium, dessen Widerstandscoefficient k ist, hatten wir

$$p = \frac{kS}{4\pi r} .$$

Daher ist daselbst

$$R = \frac{k}{4\pi r} .$$

R mag der Total-Widerstandscoefficient zwischen der Quelle und dem gegebenen Punkte heissen. Wenn eine beliebige Anzahl von Quellen vorhanden ist, haben wir allgemein

$$p = \Sigma(RS) .$$

(32) In einem homogenen, isotropen Medium ist der in irgend einem Punkt P durch eine Quelle S erzeugte Druck

$$p = \frac{kS}{4\pi r} .$$

Wenn sich in jenem Punkt P eine zweite Quelle S' befindet, so folgt

$$S'p = \frac{kSS'}{4\pi r} = Sp' ,$$

wobei p' der Druck ist, welcher durch die Quelle S' an jener Stelle des Raumes erzeugt wird, wo sich S befindet. Wenn daher zwei Systeme von Quellen ΣS und $\Sigma S'$ vorhanden sind, und wenn durch das erste System der Druck p, durch das zweite der Druck p' erzeugt wird, so ist

$$\Sigma(S'p) = \Sigma(Sp') ,$$

da jedem Gliede $S'p$ der ersten Summe ein gleiches Glied Sp' in der zweiten entspricht.

(33) Wenn in einem homogenen isotropen Medium die Flüssigkeitsströmung überall einer fixen Ebene parallel ist, so werden die Flächen gleichen Druckes auf derselben senkrecht stehen. Wenn wir zwei parallele Ebenen in der Distanz k von einander annehmen, so können wir den Raum zwischen denselben durch auf ihnen senkrechte Cylinderflächen in Einheitsröhren eintheilen, und diese werden im Verein mit den Flächen gleichen Druckes den Raum in Einheitszellen theilen, welche ebenso lang als breit sind. Denn wenn h die Entfernung zweier sich folgender Flächen gleichen Druckes (also die Länge der Einheitszellen) und s der Querschnitt einer Einheitsröhre ist, so haben wir nach (13) $s = kh$. Nun

ist aber s das Product der Breite und Tiefe; letztere ist k, daher erstere gleich h, also gleich der Länge.

Wenn zwei Systeme ebener Curven einander so rechtwinklig schneiden, dass sie die Ebene in lauter kleine Quadrate eintheilen, dann wird, sobald wir eine zweite Ebene in der Distanz k von der ersten annehmen und [darauf senkrechte] Cylinderflächen construiren, welche jene ebenen Curven zu Leitlinien haben, ein System von Zellen gebildet, welches den Bedingungen unserer Aufgabe genügt, sowohl wenn wir annehmen, dass die Flüssigkeit längs des ersten Systems der sich schneidenden ebenen Curven, als auch dass sie längs des zweiten Systems strömt.*)

D. Anwendung der Vorstellung der Kraftlinien [besser Inductionslinien].

Ich habe nun zu zeigen, wie die oben beschriebene Vorstellung der Stromlinien zu modificiren ist, um auf die Theorie der statischen Elektricität, des permanenten Magnetismus, der magnetischen Induction und der stationären elektrischen Strömung Anwendung zu finden, während ich die Gesetze des Elektromagnetismus einer besonderen Betrachtung vorbehalte.

Ich setze voraus, dass die gebräuchliche Annahme über die Wechselwirkung zweier entgegengesetzter elektrischer Fluida eine richtige Beschreibung der Erscheinungen der statischen Elektricität ist. Wenn wir eines derselben als die positive, das andere als die negative »Elektricität« bezeichnen, so stossen irgend zwei Theilchen der Elektricität einander mit einer Kraft ab, welche gemessen wird durch das Produkt der Massen dieser Theilchen, dividirt durch das Quadrat ihres Abstandes.

Nun fanden wir in (18), dass die durch eine Quelle S in der Entfernung r hervorgebrachte Geschwindigkeit unserer fingirten Flüssigkeit verkehrt proportional der Grösse r^2 ist. Wir wollen sehen, mit welchem Erfolge wir an Stelle eines jeden Theilchens positiver Elektricität eine derartige Quelle substituiren können. Die durch jede Quelle hervorgerufene Geschwindigkeit wäre dann der durch das betreffende elektrische Theilchen erzeugten Anziehung proportional, und die durch alle Quellen an irgend einer Stelle hervorgerufene resultirende Strömungsgeschwindigkeit wäre proportional der resultirenden Anziehung aller elektrischen Theilchen [auf eine an dieser

*) Siehe *W. Thomson*, Cambr. math. journ. vol. III, p. 286. may 1843, math. a. ph. pap. I. S. 22.

Stelle befindliche Elektricitätsmenge $+1$]. Nun finden wir den resultirenden Druck, indem wir die von den gegebenen Quellen erzeugten Drucke addiren, und daher ist die Componente der Gesammtströmung in einer gegebenen Richtung dem negativen Differentialquotienten des Druckes nach dieser Richtung, diese Componente aber wieder der Componente der Gesammtkraft der elektrischen Theilchen [auf eine Elektricitätsmenge eins] nach dieser Richtung proportional.

Da die Kraftcomponente nach irgend einer Richtung in dem elektrischen Probleme dem Differentialquotienten des Drucks in dieser Richtung in dem fingirten Probleme proportional ist, und da wir die Werthe der Constanten für das fingirte Problem beliebig wählen können, so können wir bewirken, dass die Kraftcomponente nach irgend einer Richtung numerisch gleich ist dem negativen Differentialquotienten des Drucks in dieser Richtung oder

$$X = -\frac{dp}{dx}.$$

Hieraus folgt, wenn V das elektrische Potential ist,

$$dV = Xdx + Ydy + Zdz = -dp,$$

und da in unendlicher Entfernung $V = p = 0$, so folgt $V = -p$.

Bei dem Probleme der Elektrostatik haben wir [wenn wir mit dm irgend eine der wirkenden Elektricitätsmengen bezeichnen]:

$$V = -\Sigma\left(\frac{dm}{r}\right),$$

in der Flüssigkeit ist

$$p = \Sigma\left(\frac{kS}{4\pi r}\right),$$

daher folgt

$$S = \frac{4\pi}{k} dm.$$

Wenn man voraussetzt, dass k sehr gross ist, so ist die Flüssigkeitsmenge, welche durch jede Quelle geliefert werden muss, um den Druck zu unterhalten, sehr klein.

Das Potential irgend eines Systems elektrischer Massen auf sich selbst ist

$$\Sigma(p\,dm) = \frac{k}{4\pi}\Sigma(pS) = \frac{k}{4\pi}W.$$

Wenn $\Sigma\,(dm)$ und $\Sigma\,(dm')$ zwei Systeme elektrischer Massen p und p' ihre entsprechenden Potentiale sind, so ist nach (32)

$$\Sigma(p\,dm') = \frac{k}{4\pi}\Sigma(pS') = \frac{k}{4\pi}\Sigma(p'S) = \Sigma(p'dm),$$

d. h. das Potential des ersten Systems auf das zweite ist gleich dem des zweiten auf das erste.

Die Analogie zwischen dem Probleme der Elektrostatik und dem der Flüssigkeitsströmung kann also durch folgende Gleichungen ausgedrückt werden:

$$V = -p$$

$$X = -\frac{dp}{dx} = ku$$

$$dm = \frac{k}{4\pi}S.$$

Das ganze elektrische Potential ist $-\Sigma\,Vdm = kW/4\pi$, wo W die von der Flüssigkeit bei Ueberwindung des Widerstandes geleistete Arbeit ist.

Die Kraftlinien [besser Inductionslinien] sind die Einheitsröhren der Flüssigkeitsströmung und sie können durch diese Röhren numerisch ausgedrückt werden.[26)]

E. Theorie der Dielektrica.

Die elektrische Influenz, welche auf einen Leiter in die Ferne ausgeübt wird, hängt nicht allein von der Vertheilung der Elektricität auf den influenzirenden Körpern und von der Form und Lage des influenzirten Leiters ab, sondern auch von der Natur des Zwischenmediums oder Dielektricums. In der elften Serie seiner Experimentaluntersuchungen trägt *Faraday* diesem Umstande dadurch Rechnung, dass er sagt, die verschiedenen Substanzen haben verschiedene inductive Capacität oder leiten die Linien der Influenzwirkung in verschiedener Weise. In der von uns angenommenen Analogie einer Flüssigkeit, die sich in einem Mittel bewegt, welches dieser Bewegung in verschiedenen Körpern verschiedenen Widerstand entgegensetzt, erhalten wir ein Dielektricum, welches die *Faraday*'schen Kraftlinien [Inductionslinien] besser leitet, also grössere Dielektricitätsconstante hat, wenn wir diesen Widerstand kleiner annehmen.

Es ist aus (23) klar, dass in diesem Falle auf der Oberfläche des Dielektricums immer eine scheinbare Vertheilung von Elektricität vorhanden sein wird und zwar von negativer, wo die Kraftlinien eintreten, von positiver, wo sie austreten. In dem Falle der Flüssigkeitsbewegung sind keine wirklichen Quellen auf der Oberfläche, sondern wir haben dieselben lediglich als Rechnungshilfsmittel eingeführt. Die Oberfläche eines Dielektricums ist vielleicht auch nicht wirklich mit freier Elektricität geladen, sondern es wird der Schein dieser Ladung durch die Wirkung der daselbst auftretenden Discontinuität der Beschaffenheit des Mediums erzeugt. Wenn das Dielektricum die Kraftlinien schlechter leiten würde, als das umgebende Medium, hätten wir gerade den entgegengesetzten Effect, nämlich positive Elektricität, wo die Kraftlinien eintreten, negative, wo sie austreten.

Wenn die Leitung des Dielektricums eine vollkommene, oder für die kleinen Elektricitätsmengen, mit welchen wir es zu thun haben, eine nahezu vollkommene ist, so haben wir den in (24) behandelten Fall. Das Dielektricum kann dann wie ein [nicht zur Erde abgeleiteter] Leiter betrachtet werden, seine Oberfläche ist eine Aequipotentialfläche und die resultirende elektrische Kraft ist unmittelbar an dieser Oberfläche senkrecht zu derselben.[27])

F. Theorie der permanenten Magnete.

Man kann sich vorstellen, dass ein Magnet aus einer unendlichen Anzahl magnetisirter Theilchen besteht, von denen jedes seinen eigenen Nord- und Südpol hat. Die Wechselwirkung zweier Magnetpole muss dann nach denselben Gesetzen wie die zweier elektrischer Theilchen erfolgen. Daher kann die Vorstellung der Kraftlinien auch auf den Magnetismus angewendet werden und die Theorie desselben kann genau so, wie die Elektrostatik durch die von uns angenommene bewegte Flüssigkeit versinnlicht werden. Es wird sich aber hier empfehlen, zu untersuchen, in welcher Weise die Polarität der Elementarmagnete durch die Einheitszellen der Flüssigkeitsbewegung dargestellt werden kann. Die Einheit der Flüssigkeitsmenge tritt an einer Seitenfläche jeder Einheitszelle ein und an der entgegengesetzten Seitenfläche aus, so dass in Bezug auf die ganze übrige Flüssigkeitsmasse die erstere Seitenfläche eine Vernichtungsstelle eins, die letztere eine

Entstehungsstelle eins ist. Jede Zelle entspricht daher einem Elementarmagnete, dessen Seitenflächen mit gleichen Mengen von Nord- resp. Südmagnetismus bedeckt sind. Wenn nun jene Zelle ein Theil eines continuirlichen Zellensystemes ist, so wird die Flüssigkeit, welche aus einer Zelle ausfliesst, in die nächstfolgende einströmen u. s. f., so dass man die Quellen von dem Ende der Zellen an die Enden der Einheitsröhren verlegen kann.

Wenn alle Einheitsröhren an der Oberfläche des Zellensystems beginnen und enden, so werden die Quellen lediglich auf dieser Oberfläche liegen, daher liegt bei einem Magnete, in dem die Vertheilung des Magnetismus eine sogenannte solenoidale oder tubulare ist, der gesammte freie Magnetismus auf der Oberfläche.*) [28])

G. Theorie der paramagnetischen und diamagnetischen Induction.

*Faraday***) hat gezeigt, dass die Wirkungen paramagnetischer und diamagnetischer Körper im magnetischen Felde erklärt werden können, wenn man annimmt, dass paramagnetische Körper die Kraftlinien [Inductionslinien] besser, diamagnetische schlechter leiten als das umgebende Medium. Wir wollen bei Anwendung des in 23 und 26 Gesagten voraussetzen, dass Entstehungsstellen Nordmagnetismus, Vernichtungsstellen aber Südmagnetismus darstellen. Wenn sich dann ein paramagnetischer Körper in der Nachbarschaft eines Nordpols befindet, wird der Eintritt der Kraftlinien in denselben eine scheinbare Anhäufung von Südmagnetismus, der Austritt eine gleiche Anhäufung von Nordmagnetismus bewirken. Da die Mengen der entgegengesetzten Magnetismen gleich sind, aber der Südmagnetismus dem Nordpole näher liegt als der Nordmagnetismus, so wird die resultirende Kraft eine Anziehung sein. Wenn dagegen der Körper diamagnetisch ist, d. h. die Kraftlinien schlechter leitet als die Umgebung, so wird der Nordmagnetismus dort anzunehmen sein, wo die Kraftlinien in den schlechteren Leiter eintreten, der Südmagnetismus aber wo sie austreten, so dass im Ganzen Abstossung erfolgt.

---

*) Siehe Professor *Thomson* über die mathematische Theorie des Magnetismus, Cap. III und V, Phil. Trans. 1851. R. Soc. proc. 20 june 1850. pap. o. electrostat. a. magn. I. S. 378.

**) Experimentaluntersuchungen 3292.

Wir können ein allgemeineres Gesetz erhalten, wenn wir bedenken, dass das Potential des ganzen Systems der Arbeit proportional ist, welche die Flüssigkeit in Ueberwindung von Widerstand leistet. Die Einführung eines zweiten Mediums vermehrt oder vermindert die geleistete Arbeit, je nachdem dessen Widerstand grösser oder kleiner als der des ersten Mediums ist. Der Betrag dieser Vermehrung oder Verminderung ist dem Quadrate der Strömungsgeschwindigkeit der Flüssigkeit proportional. Nun ist aber nach der Potentialtheorie die in irgend einer Richtung wirkende bewegende Kraft dem negativen Differentialquotienten des Potentials des Systems nach jener Richtung proportional.

Wenn daher der Widerstand k' im zweiten Medium grösser als der Widerstand k im umgebenden Medium ist, so tritt eine Kraft auf, welche von den Stellen, wo die resultirende Kraft [Feldintensität] v grösser ist, nach jenen hingerichtet ist, wo sie kleiner ist, so dass diamagnetische Körper sich von den Stellen grösserer zu denen kleinerer magnetischer Kraft bewegen.*)

In paramagnetischen Körpern ist $k' < k$, so dass die Kraft von Punkten kleinerer zu Punkten grösserer Feldintensität hingerichtet ist. Da diese Resultate nur von dem Verhältnisse der Werthe k und k' abhängen, so ist es klar, dass durch Veränderung des umgebenden Mediums ein paramagnetischer Körper nach Belieben in einen diamagnetischen verwandelt werden kann.

Es ist klar, dass wir zu denselben Resultaten durch Rechnung gelangt wären, wenn wir vorausgesetzt hätten, dass die magnetische Kraft die Fähigkeit hat, in den Körpern magnetische Polarisation zu erregen, deren Richtung in paramagnetischen Körpern die der magnetischen Kraft, in diamagnetischen die entgegengesetzte ist.**)

Wir sind in der That bis jetzt noch nirgends auf Thatsachen gestossen, welche für eine dieser drei Theorien entscheidend wären, nämlich die der Kraftlinien, die der magnetischen Fluida und die der inducirten Polarität. Da

*) Experimentaluntersuchungen 2797, 2798; vgl. auch *Thomson*, Cambridge and Dublin mathem. Journal, vol. II, S. 230, Mai 1847. pap. I, S. 80.

) Experimentaluntersuchungen 2429, 3320; vgl. *Weber*, Poggendorff's Annalen **87, S. 145, 1852. *Tyndall*, Phil. Trans. 1856, S. 237. Phil. mag. (4) 12, S. 161, 1856.

die Theorie der Kraftlinien die präciseste ist und mit der geringsten Zahl willkürlicher Annahmen auskommt, so wollen wir uns im Folgenden an dieselbe halten.

H. Theorie der magnekrystallischen Induction.

Wir wollen nun *Faraday's* Theorie *) des Verhaltens von Krystallen im Magnetfelde entwickeln. In gewissen Krystallen und andern Substanzen werden die Kraftlinien in verschiedenen Richtungen verschieden gut geleitet. Wenn daher ein derartiger Körper in ein constantes magnetisches Feld gebracht wird, so dreht er sich oder sucht sich in eine solche Lage zu drehen, dass die Kraftlinien durch ihn mit dem geringsten Widerstand hindurchgehen. Es ist nicht schwer, mittelst der in (28) auseinander gesetzten Principien die Gesetze dieser Art von Wirkung anzugeben und in gewissen Fällen sogar durch Formeln numerisch zu bestimmen. Die Principe der inducirten Polarität und der magnetischen Fluida führen hier nicht so leicht zum Ziele, dagegen gestattet die Theorie der Kraftlinien eine ausserordentlich leichte Anwendung auf diese Classe von Phänomenen.

I. Theorie der Leitung der galvanischen Elektricität.

In der Berechnung der Gesetze stationärer elektrischer Ströme findet die von uns entwickelte Theorie einer Flüssigkeitsbewegung die directeste Anwendung. Ausser den Untersuchungen von *Ohm* beziehen sich die von *Kirchhoff* **) und *Quincke* ***) über die Leitung der Elektricität in Platten auf diesen Gegenstand. Wir haben hier auch gemäss der üblichen Ansicht Flüssigkeitsströme, welche stationär in leitenden Bahnen fliessen, die ihnen einen gewissen Widerstand entgegensetzen, welcher durch Anbringung einer elektromotorischen Kraft an bestimmten Stellen der Bahn überwunden wird. Vermöge dieses Widerstands ist der Druck in verschiedenen Stellen der Bahn ein verschiedener. Dieser Druck, welcher gewöhnlich als die elektrische Spannung bezeichnet wird, erwies sich als physikalisch identisch mit dem Potentiale

*) Experimentaluntersuchungen 2836.
**) Pogg. Ann. Bd. 64 S. 497, 67 S. 344. 1845 46, Ges.-Abh. S. 1, 17.
***) Pogg. Ann. Bd. 97 S. 382, 1856.

der statischen Elektricität, wodurch das Verbindungsglied zwischen diesen beiden Erscheinungsgebieten hergestellt wird. Wenn eine genaue elektrostatische Messung der Menge der Elektricität, welche in jenem Strome fliesst, den wir als unsern [elektromagnetischen oder chemisch gemessenen] Einheitsstrom annehmen, gelungen wäre, so wäre die Verbindung der statischen und galvanischen Elektricität vollendet.*) Diese Messung gelang bisher nur näherungsweise, aber wir wissen genug, um sicher zu sein, dass die Leitungsfähigkeiten verschiedener Substanzen nur quantitativ verschieden sind und dass sich Glas und Metall der Elektricität gegenüber qualitativ gleich verhalten und sich nur durch die enorme Verschiedenheit der Grösse ihrer Leitungsfähigkeit unterscheiden. In dieser Weise tritt die Analogie zwischen statischer Elektricität und Flüssigkeitsbewegung noch klarer hervor, da die Influenz in einem Dielektricum gerade so, wie in einem Leiter mit elektrischer Strömung verbunden ist, nur dass diese im ersteren wegen des enormen Widerstandes des Dielektricums unmerkbar ist.**)

K. Ueber die elektromotorischen Kräfte.

Wenn ein stationärer Strom in einem geschlossenen Stromkreise fliesst, so ist klar, dass ausser dem Drucke noch irgend welche andere Kräfte wirken müssen; denn wenn der Strom durch Druckdifferenz erzeugt wäre, müsste er von dem Punkte grössten Druckes nach beiden Richtungen zum Punkte kleinsten Druckes strömen, während er in der That constant in derselben Richtung fliesst. Wir müssen daher das Vorhandensein gewisser Kräfte annehmen, welche fähig sind, einen constanten Strom in einem geschlossenen Stromkreise zu erhalten. Die wichtigste von diesen ist die durch chemische Wirkung hervorgerufene. Ein voltaisches Element oder besser die Trennungsfläche der Flüssigkeit und des Zinks ist der Sitz einer elektromotorischen Kraft, welche im Stande ist, den Strom trotz des Widerstandes des Stromkreises zu unterhalten. Wenn wir in der Sprache der gewöhnlichen Elektricitätstheorie sprechen, so fliesst der positive Strom aus der Flüssigkeit der Zelle der Reihe nach durch das Platin, den Schliessungskreis des Elements, und das Zink wieder zur Flüssigkeit

*) Experimentaluntersuchungen 371.
**) Experimentaluntersuchungen Bd. 3, p. 513.

zurück. Wenn die elektromotorische Kraft nur an der Trennungsfläche zwischen Flüssigkeit und Zink wirkt, so muss die Spannung der Elektricität in der Flüssigkeit die im Zink um eine Grösse übertreffen, welche von der Natur und Länge des Stromkreises und von der Stromintensität im Leiter abhängt. Um diese Druckdifferenz zu unterhalten, muss eine elektromotorische Kraft thätig sein, deren Intensität durch die Druckdifferenz gemessen wird. Wenn F die elektromotorische Kraft, I die Quantität [Intensität] des Stroms oder die in der Zeiteinheit gelieferte Menge elektrischer Einheiten, und K eine Grösse ist, welche von der Länge und dem specifischen Widerstande des Stromkreises abhängt, so hat man:

$$F = IK = p - p'.$$

Hierbei ist p die elektrische Spannung in der Flüssigkeit, p' die im Zink [beide unmittelbar an der Berührungsfläche].[29])

Wenn der Stromkreis an irgend einer Stelle unterbrochen wird, so behält der Theil, welcher mit dem Platin in Berührung steht, die Spannung p, der übrige die Spannung p', da nun kein Strom mehr vorhanden ist. $p - p'$ oder F bietet daher ein Maass für die Intensität [elektromotorische Kraft] des Stromes. Dieser Unterschied zwischen Quantität und Intensität ist sehr nützlich*), aber wenn er richtig aufgefasst wird, so ist darunter nichts anderes zu verstehen als Folgendes: Die Quantität [Intensität] des elektrischen Stroms ist die Elektricitätsmenge, welche in der Zeiteinheit durch jeden Querschnitt geht; sie ist gemessen durch die Anzahl I der Einheitsströmröhren, welche er enthält. Die Intensität [elektromotorische Kraft im gesammten Stromkreise] des Stromes ist sein Vermögen, Widerstand zu überwinden; sie ist gemessen durch F oder IK, wo K der Widerstand des gesammten Stromkreises ist.

Derselbe Gedanke von Quantität und Intensität kann auf den Fall des Magnetismus angewendet werden.**) Die Quantität der Magnetisirung in irgend einem Querschnitt des magnetischen Körpers [Summe der Producte aller Flächenelemente des Querschnitts in die darauf senkrechte magnetische Induction] ist gemessen durch die Anzahl der Kraftlinien, welche

*) Experimentaluntersuchungen Bd. 3, S. 519.
**) Experimentaluntersuchungen 2870, 3293.

durch denselben hindurchgeht. Die Intensität der Magnetisirung aber in diesem Querschnitte hängt von der Widerstandskraft in dem Querschnitte eben so gut, als von der Anzahl der hindurchgehenden Kraftlinien ab. Wenn k der Widerstand des Materials, S der Flächeninhalt des Querschnittes und I die Anzahl der hindurchgehenden Kraftlinien ist, so ist die gesammte Intensität der durch den Querschnitt hindurchgehenden Magnetisirung

$$= F = I \frac{k}{S}.$$

Wenn die Magnetisirung bloss durch die Influenz anderer Magnete hervorgebracht wird, so können wir mit p die magnetische Spannung in irgend einem Punkte [das magnetische Potential] bezeichnen, und wir erhalten für das ganze magnetische Solenoid [30])

$$F = I \int \frac{k}{S}\, dx = IK = p - p'.$$

Wenn ein solenoidal magnetisirter Kreis in sich selbst zurückkehrt, so kann die Magnetisirung nicht allein von der Differenz der magnetischen Spannungen herrühren, sondern es muss noch eine andere magnetisirende Kraft existiren, deren Intensität F sei.

Wenn i die Quantität der Magnetisirung in irgend einem Punkte [magnetisches Moment der Volumeinheit, magnetische Induction], d. h. die Anzahl der Kraftlinien ist, welche durch die Flächeneinheit eines durch diesen Punkt gehenden Querschnitts des Solenoids gehen, so ist die gesammte Quantität der Magnetisirung des magnetischen Kreises, also die Anzahl der Kraftlinien, welche durch irgend einen Querschnitt gehen,

$$I = \Sigma\, i\, dy\, dz,$$

wobei $dy\,dz$ ein Element jenes Querschnitts und die Summirung über alle Elemente des Querschnittes zu erstrecken ist.

Die Intensität der Magnetisirung in irgend einem Punkte oder die zur Unterhaltung der Magnetisirung erforderliche Kraft [Kraft auf die Magnetismusmenge eins] ist gemessen durch $ki = f$, und die gesammte Intensität der Magnetisirung des magnetischen Kreises ist gemessen durch die Summe der Intensitäten aller Längenelemente rund um den Kreis herum; sie ist also gleich

$$F = \Sigma\, (f\,dx),$$

wobei dx ein Längenelement des Kreises und die Summirung um den ganzen Kreis herum zu erstrecken ist.

In demselben Kreise haben wir stets $F = IK$, wo K der gesammte Widerstand des Kreises ist, der sowohl von der Gestalt als auch von dem Materiale desselben abhängt. [Dabei ist entweder von der Streuung abgesehen oder es ist de umgebende Luft in den magnetischen Kreis mit einzubeziehen.][31])

L. Ueber die Fernwirkung geschlossener Ströme.

Die mathematischen Gesetze der Anziehung und Abstossung von Stromleitern wurden von *Ampère* mittelst äusserst geschickter Kunstgriffe entwickelt und seine Resultate haben die Probe aller spätern Experimente bestanden.

Unter der einzigen Annahme, dass die Wirkung eines Elements des einen Stroms auf ein Element des andern in der Richtung der Verbindungslinie derselben fällt und dass Wirkung gleich Gegenwirkung ist, leitete derselbe aus den einfachsten Experimenten den mathematischen Ausdruck für das Wirkungsgesetz ab, mit welchem er verschiedene äusserst elegante und nützliche Umformungen vornahm. Trotzdem müssen wir eingedenk bleiben, dass niemals Experimente mit einzelnen Stromelementen, sondern immer nur solche mit geschlossenen Strömen, sei es in festen oder flüssigen Stromleitern, vorgenommen werden konnten, aus denen folgerichtig nur die Gesetze für die Wirkung geschlossener Ströme abgeleitet werden können. Dadurch, dass *Ampère*'s Formel, auf geschlossene Ströme angewandt, richtige Resultate giebt, ist aber ihre Gültigkeit für Stromelemente nur dann erwiesen, wenn wir annehmen, dass die Wirkung zweier solcher Elemente in ihre Verbindungslinie fällt. Obwohl diese Annahme nach dem gegenwärtigen Stande der Wissenschaft gerechtfertigt und philosophisch begründet ist, so wird doch die Freiheit der Untersuchung besser gewahrt, wenn wir ohne sie auszukommen suchen und von den Gesetzen der Wirkung geschlossener Ströme als der ursprünglich gegebenen Erfahrungsthatsache ausgehen.

Ampère hat gezeigt, dass, wenn Stromelemente nach dem Gesetz des Kräfteparallelogramms zusammengesetzt werden, die vom resultirenden Stromelemente ausgehende Kraft die Resultirende der Kräfte ist, welche von den Componenten desselben ausgehen, und dass gleiche und entgegengesetzte Ströme gleiche und entgegengesetzte Kräfte erzeugen, so dass zwei gleiche und entgegengesetzte Ströme sich aufheben.

Er zeigte ferner, dass ein geschlossener Strom von irgend welcher Gestalt kein Bestreben hat, einen beweglichen Stromleiter, welcher die Gestalt eines Kreisbogens hat, um eine Axe zu drehen, die durch das Centrum jenes Kreises geht und senkrecht auf seiner Ebene steht, und dass daher für die von einem geschlossnen Stromkreise ausgehenden Kräfte der Ausdruck $Xdx + Ydy + Zdz$ ein vollständiges Differential ist.

Endlich zeigte *Ampère*, dass in ähnlichen und ähnlich gelegenen von gleich starken elektrischen Strömen durchflossenen Stromsystemen die resultirende Kraft von den absoluten Dimensionen des Systems unabhängig ist. Dies beweist, dass unter sonst gleichen Umständen die Kräfte dem Quadrate der Entfernung verkehrt proportional sind.

Aus allen diesen Resultaten folgt, dass die Wechselwirkung zweier geschlossener Ströme, von denen jeder eine sehr kleine Fläche umkreist, dieselbe ist wie die zweier Elementarmagnete, welche senkrecht zur Ebene jener Ströme magnetisirt sind.

Die Magnetisirungsrichtung dieser äquivalenten Magnete kann durch die Regel bestimmt werden, dass ein Strom, um der thatsächlichen Magnetisirung der Erde äquivalent zu sein, von Ost nach West in derselben Richtung, in welcher sich die Sonne zu bewegen scheint, fliessen müsste, in der entgegengesetzten aber um einer auf der Erde frei beweglichen Declinationsnadel äquivalent zu sein [von der Westseite oben herum nach Ost].

Wenn eine Anzahl geschlossener Einheitsströme so neben einander auf einer Fläche liegen, dass kein Flächenelement derselben übrig bleibt, das nicht von einem der Einheitsströme umflossen würde, so werden im Innern der Fläche je zwei gleiche und entgegengesetzte Stromelemente sich aufheben, die an der Grenze der Fläche liegenden Stromelemente aber werden sich zu einem einzigen, die ganze Fläche umfliessenden Strome zusammensetzen. Das Resultat wird daher dasselbe sein, als ob ein einziger Strom von der Intensität eins den Umfang der mit den kleinen Stromkreisen bedeckten Fläche umflösse. Hieraus ergiebt sich, dass die Wirkung einer senkrecht zu ihrer Fläche gleichförmig magnetisirten Schale nach aussen dieselbe ist, wie die eines Stromes, der ihren Umfang umfliesst, da jeder der Elementarströme des früher betrachteten Falles dieselbe Wirkung ausübt, wie das von ihm begrenzte Element der magnetischen Schale.

Wenn wir die durch einen geschlossenen Strom erzeugten Kraftlinien [Inductionslinien] untersuchen, so finden wir, dass sie die Form geschlossener Curven haben, welche den Strom umfassen [wie ein Glied einer Kette das andere], und dass die Totalintensität der magnetisirenden Kraft längs jeder geschlossenen Kraftlinie [vergl. Anmerk. 30.] nur von der Quantität des elektrischen Stroms [der gesammten Stärke des die Kraftlinie durchfliessenden Stromes] abhängt. Die Zahl der Einheitslinien*) der magnetischen Kraft, welche durch einen geschlossenen Strom erzeugt werden, hängt sowohl von der Form als auch von der Quantität des Stroms ab, aber die Anzahl der Einheitszellen (vgl. Artikel 13) in jeder in sich geschlossenen Kraftlinie ist einfach durch die Anzahl der Einheitsströme gegeben, welche sie umfasst. Die Einheitszellen sind in diesem Falle Partien des Raums, in denen die Einheit der magnetischen Quantität [gesammtes magnetisches Moment] durch die Einheit der magnetisirenden Kraft erzeugt wird. Die Länge einer Zelle ist also der Intensität der magnetisirenden Kraft verkehrt, ihr Querschnitt der Quantität der magnetischen Induction in diesem Punkte [magnetisches Moment der Volumeinheit] verkehrt proportional.[32])

Die Gesammtzahl der durch einen gegebenen Strom erzeugten Zellen ist daher proportional dem Producte der Stromintensität und der Anzahl der hindurchgehenden Kraftlinien. Wenn durch irgend eine Veränderung der Form des Leiters die Anzahl der Zellen vermehrt werden kann, so wird eine Kraft auftreten, welche diese Formänderungen zu bewirken sucht. Daher ist fortwährend eine Kraft thätig, welche den Leiter senkrecht zu den Kraftlinien forttreibt, so dass mehr Kraftlinien durch den geschlossenen Stromkreis hindurchgehen, von welchem jener Leiter ein Theil ist.

Die Zahl von Zellen, welche durch zwei gegebene Ströme erzeugt werden, erhält man, indem man die Zahl der Linien magnetischer Induction [33]), welche durch jeden hindurchgehen, mit der Quantität des betreffenden Stroms [gesammte Stromstärke] multiplicirt. Nun ist aber nach 9 die Anzahl der Linien, welche durch den ersten Strom hindurchgehen, die

---

*) Experimentaluntersuchungen 3122; vergl. auch Artikel 6 dieser Abhandlung.

Summe der von ihm selbst erzeugten Linien und derjenigen, welche vermöge des zweiten Stroms durch die geometrische Figur des ersten hindurchgehen würden, wenn der zweite allein in Wirksamkeit wäre. Daher nimmt die Gesammtzahl der Zellen durch jede Bewegung zu, welche bewirkt, dass mehr Kraftlinien durch einen der Ströme gehen, und jede solche Bewegung wird durch die elektrodynamischen Kräfte angestrebt. Die Arbeit [dieser elektrodynamischen Kräfte] während dieser Bewegung ist gemessen durch die Anzahl der neu entstandenen Zellen. Alle Wirkungen geschlossener Ströme auf einander können aus diesem Principe abgeleitet werden.[34])

M. Ueber die durch Inductionswirkung hervorgerufenen elektrischen Ströme.

Faraday hat gezeigt*), dass, wenn sich ein Leiter senkrecht zu den magnetischen Kraftlinien bewegt, in demselben eine elektromotorische Kraft thätig wird, welche einen elektrischen Strom hervorzurufen strebt. Je nachdem der Leiter geschlossen oder offen ist, entsteht ein dauernder Strom oder blosse Spannung. Wenn ein geschlossener Strom sich senkrecht zu den Linien der magnetischen Induction bewegt, so halten sich, sobald die Zahl der durch den Leitungskreis hindurchgehenden Kraftlinien sich während der Bewegung nicht ändert, die elektromotorischen Kräfte das Gleichgewicht und es entsteht kein Strom. Die elektromotorischen Kräfte hängen daher von der Anzahl der Kraftlinien ab, welche von dem Leiter während seiner Bewegung durchschnitten werden. Wenn sich in Folge der Bewegung die Anzahl der durch den Stromkreis hindurchgehenden Kraftlinien vermehrt, so ist die elektromotorische Kraft diesem Zuwachse proportional und erzeugt einen Strom, welcher demjenigen entgegengesetzt gerichtet ist, der die hinzugekommenen Kraftlinien erzeugen würde. Wenn die Zahl der magnetischen Inductionslinien[33]), die durch den Stromkreis hindurchgehen, durch die Bewegung vermehrt wird, so wird sie durch den inducirten Strom wieder vermindert. Wird sie aber durch die Bewegung vermindert, so wirkt der Inductionsstrom vermehrend.

Dass diese Regel die Gesetze der elektrodynamischen und elektromagnetischen Induction erschöpfend und richtig aus-

*) Experimentaluntersuchungen 3077.

drückt, folgt aus dem Umstande, dass der elektromotorische Effect derselbe bleibt, in was immer für einer Weise die Zahl der durch den Stromkreis hindurchgehenden magnetischen Inductionslinien vermehrt worden sein mag, sei es durch Bewegung des Leiters selbst oder anderer Ströme oder irgend welcher Magnete oder durch Intensitätsänderung anderer Ströme oder durch Magnetisirung oder Entmagnetisirung in der Nähe befindlicher magnetisirbarer Körper oder endlich durch Aenderung der Intensität des Stromes selbst.

In allen diesen Fällen hängt die elektromotorische Kraft nur von der Veränderung der Zahl der Inductionslinien ab, welche durch den Stromkreis hindurchgehen. *) Es liegt die Annahme nahe, dass eine Kraft von dieser Art, welche von

---

*) Die elektromagnetischen Kräfte, welche eine Bewegung des materiellen Leiters bewirken, müssen sorgfältig unterschieden werden von den elektromotorischen Kräften, welche elektrische Ströme zu erzeugen suchen.

Es werde ein elektrischer Strom durch eine irgendwie gestaltete Metallmasse geleitet, die Vertheilung der Stromdichte im Innern des Metalles ist dann durch die Gesetze der Elektricitätsleitung bestimmt. Nun werde ein constanter elektrischer Strom durch einen zweiten in der Nähe befindlichen Leiter geschickt. Wenn beide Ströme gleich gerichtet sind, ziehen die beiden Leiter sich an und nähern sich, wenn dies nicht durch äussere Kräfte verhindert wird. Aber obwohl die Materie der Leiter angezogen wird, so neigen sich die Ströme selbst, welche ja im Innern des Metalls jeden Lauf nehmen können, nicht gegen einander, ihre Vertheilung in der Metallmasse bleibt vielmehr unverändert, und keiner der Leiter bringt in dem andern elektromotorische Kräfte hervor, welche die Vertheilung der Ströme daselbst ändern würden.

In diesem Falle haben wir elektromagnetische Kräfte, welche auf die Masse der Leiter wirken, ohne elektromotorische Kräfte, welche die Ströme in denselben verändern würden.

Betrachten wir als zweites Beispiel einen linearen Leiter [von verschwindender elektrostatischer Capacität], welcher keinen geschlossenen Stromkreis bildet, und bewirken wir, dass er magnetische Kraftlinien durchschneidet, sei es in Folge seiner eigenen Bewegung, sei es durch Veränderung des magnetischen Feldes. In diesem Falle wird eine elektromotorische Kraft in der Richtung des Leiters wirken, da aber der Stromkreis nicht geschlossen ist, wird sie bloss eine Spannung an den Enden desselben, aber keinen elektrischen Strom erzeugen. Daher wird keine elektromagnetische Wirkung auf die Masse des Leiters stattfinden, da diese ohne das Vorhandensein eines Stromes in demselben unmöglich ist, die Bildung eines Stromes aber dadurch verhindert wird, dass der Stromkreis nicht geschlossen ist. Hier haben wir den entgegengesetzten Fall einer elektromotorischen Kraft, welche auf die Elektricität in einem Leiter wirkt und welche von keiner Kraft auf die Masse desselben begleitet ist.[35])

der Veränderung der Zahl der Kraftlinien abhängig ist, durch die Veränderung eines Zustandes bedingt wird, welcher durch die Anzahl jener Linien gemessen wird. Man kann annehmen, dass ein in einem magnetischen Felde befindlicher geschlossener Leiter sich in einem gewissen von der Einwirkung der magnetischen Kräfte herrührenden Zustande befindet. So lange dieser Zustand unverändert bleibt, findet keine Inductionswirkung statt. Sobald sich aber der Zustand verändert, entsteht eine elektromotorische Kraft, deren Grösse und Richtung nur von der Veränderung jenes Zustandes abhängt. Ich kann nichts besseres thun, als hier eine Stelle der ersten Reihe von *Faraday*'s Experimentaluntersuchungen Art. 60 wörtlich zu citiren. Sie lautet:

»So lange ein Draht volta-elektrischer oder magneto-elektrischer Induction unterworfen ist, scheint er sich in einem besondern Zustande zu befinden, denn er widersteht [wenn ungeschlossen] der Bildung eines elektrischen Stroms in seinem Innern, während hingegen ein solcher Strom [zum Ausgleich der an seinen Enden durch die Induction angehäuften freien Elektricitäten] einträte, wenn sich der Leiter in seinem gewöhnlichen Zustande befände; sobald er aber uninfluencirt [ohne Elektricität an den Enden] ist, hat er die Fähigkeit, einen Strom zu erzeugen, welche er unter gewöhnlichen Umständen nicht besitzt. Dieser elektrische Zustand der Materie wurde bisher nicht erkannt, aber er hat wahrscheinlich einen sehr wichtigen Einfluss auf viele, um nicht zu sagen auf die meisten der durch elektrische Ströme hervorgerufenen Erscheinungen. Aus Gründen, welche sich sofort (71) ergeben werden, habe ich mir nach Berathung mit verschiedenen gelehrten Freunden erlaubt, diesen Zustand als den elektrotonischen Zustand zu bezeichnen.«

Faraday hat denselben in der zweiten Folge seiner Experimentaluntersuchungen als unnöthig wieder verworfen, da er fand, dass alle Erscheinungen ohne seine Beiziehung auf andere Weise erklärt werden können; aber in seinen letzten Untersuchungen (3172, 3269) scheint er noch immer der Ansicht zu sein, dass seine Vermuthung bezüglich dieses neuen Zustandes der Körper irgend eine physikalische Wahrheit berge.

Eine Vermuthung eines mit der Natur so vertrauten Gelehrten mag unter Umständen bedeutungsvoller sein, als das durch Experimentaluntersuchungen bestbegründete empirische Gesetz, und obwohl wir die Existenz dieses Zustandes nicht als eine feststehende physikalische Wahrheit betrachten können, wollen wir doch die Bedeutung dieser neuen Idee *Faraday's*, durch welche unsere mathematischen Begriffe klarer gemacht werden, nicht gering schätzen.

In diesem Abriss, in welchem ich die *Faraday*'sche Elektricitätstheorie vom mathematischen Gesichtspunkte aus darzustellen beabsichtige, beschränkt sich meine Aufgabe auf die Entwicklung der Rechnungsmethoden, von denen ich glaube, dass mit ihrer Hülfe die elektrischen Erscheinungen am besten begriffen und dem Calcül zugänglich gemacht werden können. Es war daher mein Bestreben, die mathematischen Ideen in einer greifbaren Form darzustellen, als Systeme von Linien oder Flächen nicht durch blosse Symbole, welch letztere weder zum Ausdrucke der *Faraday*'schen Ideen sehr geeignet sind, noch sich der Natur der zu erklärenden Phänomene leicht anpassen. Dagegen gelang es mir noch nicht, die Idee des elektrotonischen Zustandes in meinem Geiste so auszugestalten, dass ich dessen Natur und Eigenschaften ohne Benutzung reiner Symbole klar darstellen könnte; daher will ich im folgenden von den algebraischen Symbolen freien Gebrauch machen und die allgemein üblichen mathematischen Operationen in Anwendung bringen. Ich hoffe aber durch sorgfältiges Studium der Elektricitätslehre und der Lehre von der Bewegung zäher Flüssigkeiten eine Methode zu entdecken, welche auch vom elektrotonischen Zustande ein mechanisches, zu allgemeinen Schlussfolgerungen geeignetes Bild zu entwerfen gestattet.*) [36]

*) Vergl. Prof. William *Thomson* über eine mechanische Darstellung der elektrischen, magnetischen und galvanischen Kräfte. Cambridge and Dublin math. Journ. II S. 61, Januar 1847. Math. a. phys. pap. I. S. 76.

II. Theil.

Ueber Faraday's elektrotonischen Zustand.

A. Einleitung.

Wenn sich ein Leiter in der Nachbarschaft eines elektrischen Stromes oder Magnetes bewegt, oder wenn ein elektrischer Strom oder Magnet in der Nähe des Leiters sich entweder bewegt oder seine Intensität verändert, so wirkt eine elektromotorische Kraft auf den Leiter, welche eine elektrische Spannung oder einen Strom erzeugt, je nachdem der Leiter offen oder geschlossen ist. Ein derartiger Strom wird nur durch Veränderung der elektrischen oder magnetischen Erscheinungen in der Nähe des Leiters erzeugt und wird niemals beobachtet, so lange diese vollständig constant sind. Trotzdem muss der Leiter in verschiedenen Zuständen sein, je nachdem er sich in der Nähe eines elektrischen Stromes oder Magnetes oder außerhalb deren Wirkungsbereiches befindet, weil die Entfernung oder Vernichtung des Stromes oder Magnetes einen Inductionsstrom erzeugt, welcher nicht eingetreten wäre, wenn der Magnet oder Strom sich nicht vorher in der Nachbarschaft befunden hätte.

Betrachtungen dieser Art veranlassten Professor *Faraday* bei der Entdeckung der Inductionsströme zur Annahme eines Zustandes, in welchen alle Körper durch das Vorhandensein von Magneten oder elektrischen Strömen versetzt werden. Es ist noch kein Phänomen bekannt, durch welches sich dieser Zustand äussern würde, so lange er sich unverändert gleich bleibt; aber jede Veränderung desselben zeigt sich durch einen elektrischen Strom oder eine Tendenz zu einem solchen. Diesem Zustande gab er den Namen des elektrotonischen Zustands, und obwohl es ihm später gelang, die betreffenden Phänomene durch minder hypothetische Vorstellungen zu erklären, so wies er doch bei verschiedenen Gelegenheiten auf die Wahrscheinlichkeit hin, dass Phänomene entdeckt werden könnten, welche die Annahme eines elektrotonischen Zustandes rechtfertigen würden. Diese Vermuthungen, zu denen *Faraday* durch das Studium der von ihm selbst entdeckten Gesetze geführt wurde und welche er nur in Ermangelung directer experimenteller Beweise der Existenz dieses unbekannten Zustandes wieder verliess, wurden bisher, wie ich glaube, noch niemals zum Gegenstande mathematischer Untersuchungen gemacht. Vielleicht glaubte man, dass die quantitative Bestimmung der hieher gehörigen Phänomene noch nicht genau genug sei, um einer mathematischen Theorie als Grundlage zu dienen, obwohl sich *Faraday* nicht bloss mit der qualitativen Beobachtung derselben begnügt, sondern ihre Gesetze durch seine Experimente auch genau quantitativ festgestellt hatte. Wo er ein Gesetz bemerkte, drückte er es sogleich in einer ebenso unzweideutigen und klaren Form aus, als es durch die Mittel der reinen Mathematik geschehen kann; und wenn der Mathematiker dasselbe als eine physikalische Wahrheit erkennt und daraus andere Gesetze, welche der experimentellen Prüfung fähig sind, ableitet, so war er nur dem Physiker behülflich, seine eigenen Ideen zu ordnen, was anerkannter Weise ein nothwendiger Schritt in der wissenschaftlichen Forschung ist.

In der folgenden Untersuchung sollen also die von *Faraday* aufgestellten Gesetze als wahr angenommen werden, und es soll gezeigt werden, dass durch weitere Verfolgung seiner Speculationen neue und noch allgemeinere Gesetze daraus abgeleitet werden können. Wenn es sich dann herausstellt, dass diese Gesetze, welche ursprünglich für eine gewisse Reihe von Erscheinungen gefunden worden sind, sich so verallgemeinern lassen, dass sie auch eine neue Classe von Erscheinungen umfassen, so bieten diese mathematischen Beziehungen den Physikern die Mittel zur Entdeckung physikalischer Beziehungen. In dieser Weise gelangt reine Speculation zu Bedeutung für die Experimentalwissenschaft.

B. Ueber die Quantität und Intensität des elektrischen Stromes.

Man weiss, dass gewisse Wirkungen des elektrischen Stroms an allen Stellen des Stromkreises vollkommen gleich sind. Die Menge Wasser oder irgend eines andern Elektrolyten, welche zwischen zwei Querschnitten desselben Stromes zersetzt wird, ist immer dieselbe oder eine äquivalente, wie verschieden das

Material und die Gestalt der beiden Querschnitte des Stromkreises sein mag. Die magnetische Wirkung eines stromführenden Drahtes ist ebenfalls unabhängig von der Gestalt [des Querschnitts] und dem Materiale desselben, so lange es sich um ein und denselben Stromkreis handelt. Es giebt also eine elektrische Wirkung, welche an jedem Querschnitte des Stromkreises dieselbe ist. Wenn wir den Leiter [selbstverständlich nur figürlich] als einen Canal auffassen, durch welchen eine Flüssigkeit zu strömen gezwungen ist, so ist die Menge der Flüssigkeit, welche in einer bestimmten Zeit jeden Querschnitt durchfliesst, dieselbe, und wir können die Quantität des elektrischen Stroms [totale Stromintensität] als die Menge der Elektricität definiren, welche in der Zeiteinheit durch einen vollständigen Querschnitt des Stromkreises hindurchgeht. Wir wollen vorläufig die Menge der Elektricität durch die Wassermenge messen, welche sie zu zersetzen im Stande ist.

Um die elektrische Strömung in irgend einem [körperlichen] Leiter genau mathematisch definiren zu können, brauchen wir eine Definition nicht nur des gesammten elektrischen Stromes durch einen vollständigen Querschnitt, sondern auch des Stromes in einem gegebenen Punkte in einer gegebenen Richtung.

Definition. Bei gleichförmiger Stromvertheilung ist die Quantität des Stromes in einem gegebenen Punkte und in einer gegebenen Richtung [Componente der Stromdichte in der betreffenden Richtung] durch die Menge der Elektricität gemessen, welche in der Zeiteinheit durch eine ebene Fläche vom Flächeninhalte eins fliesst, die man im gegebenen Punkte senkrecht zu jener Richtung construirt; ist dagegen die Stromvertheilung ungleichförmig durch jene Menge, welche durch diese Fläche fliessen würde, wenn die Stromvertheilung gleichförmig und zwar überall genau so, wie in dem betreffenden Punkte wäre. Im Folgenden wollen wir die Quantität des elektrischen Stromes in dem Punkte (x, y, z), geschätzt nach den drei Coordinatenrichtungen [die Componenten der Stromdichte], mit a_2, b_2, c_2 bezeichnen.

Die Quantität der Elektricität, welche in der Zeiteinheit durch ein Flächenelement dS strömt, ist

$$= dS\,(la_2 + mb_2 + nc_2),$$

wobei l, m, n die Richtungscosinus der Normalen zu dS sind.

Dieser elektrische Strom rührt von den elektromotorischen Kräften her, welche in diesem Punkte wirken. Dieselben können sowohl äusserliche als auch innerliche sein.

Aeussere elektromotorische Kräfte stammen entweder von der relativen Bewegung von Magneten oder andern Strömen oder von Aenderungen der Intensität derselben oder von andern [scheinbar] fernwirkenden Ursachen.

Innere elektromotorische Kräfte stammen hauptsächlich von dem Unterschiede der elektrischen Spannung in den dem fraglichen Punkte unmittelbar benachbarten Stellen des Leiters. Sie können ausserdem von einer Verschiedenheit der Temperatur oder chemischen Zusammensetzung in der unmittelbaren Nachbarschaft des fraglichen Punktes herrühren.

Sei p_2 die elektrische Spannung in irgend einem Punkte und X_2, Y_2, Z_2 die Summe der Componenten aller von andern Ursachen herrührenden elektromotorischen Kräfte [sie werden später die mitgetheilten genannt] nach den Coordinatenrichtungen, dann sind die gesammten **wirksamen** elektromotorischen Kräfte:

$$\alpha_2 = X_2 - \frac{dp_2}{dx}, \ \beta_2 = Y_2 - \frac{dp_2}{dx}, \ \gamma_2 = Z_2 - \frac{dp_2}{dx}. \quad \text{A)}$$

Nun hängt aber die Quantität des Stromes [Stromdichte mit den Componenten a_2, b_2, c_2] von der elektromotorischen Kraft und dem Widerstande des Mediums ab. Wenn der [specifische] Widerstand des Mediums in allen Richtungen derselbe und gleich k_2 ist, so hat man

$$\alpha_2 = k_2 a_2, \ \beta_2 = k_2 b_2, \ \gamma_2 = k_2 c_2, \quad \text{B)}$$

ist dagegen der Widerstand in verschiedenen Richtungen verschieden, so wird das Gesetz ein complicirteres sein.

Diese 3 Grössen α_2, β_2, γ_2 können als die Repräsentanten der Intensität der elektrischen Wirkung in den Coordinatenrichtungen betrachtet werden.

Die Intensität gemessen in der Richtung des Elementes $d\sigma$ einer Curve ist

$$\varepsilon = l\alpha + m\beta + n\gamma, \text{ [37])}$$

wo l, m, n die Richtungscosinus der Tangente der Curve im Elemente $d\sigma$ sind. Durch das Integral $\int \varepsilon d\sigma$, erstreckt über einen endlichen Theil einer Curve, definiren wir die Totalintensität längs dieser Strecke [Linienintegral der elektromotorischen Kraft]. Wenn die Curve geschlossen ist, drückt es die Gesammtintensität der elektromotorischen Kraft in dieser geschlossenen Curve aus.

Substituiren wir die Werthe von α, β, γ aus den Gleichungen A), so folgt

$$\int \varepsilon\, d\sigma = \int (X dx + Y dy + Z dz) - p + c.$$

Wenn daher $X dx + Y dy + Z dz$ ein vollständiges Differential ist, so verschwindet $\int \varepsilon\, d\sigma$ für eine geschlossene Curve. In allen andern Fällen ist für eine geschlossene Curve

$$\int \varepsilon\, d\sigma = \int (X dx + Y dy + Z dz),$$

wobei die Integration über die geschlossene Curve zu erstrecken ist; die Gesammtintensität [Linienintegral] der wirksamen elektromotorischen Kraft ist also für jede geschlossene Curve gleich der Gesammtintensität [dem Linienintegral] der mitgetheilten elektromotorischen Kraft.

Die gesammte Quantität der Leitung durch eine Fläche [gesammte Elektricitätsmenge, die in der Zeiteinheit durch die Fläche geht] soll definirt werden durch das Integral

$$\int e\, dS.$$

Hierbei ist

$$e = la + mb + nc.$$

dS ist ein Element der Oberfläche, l, m, n die Richtungscosinus seiner Normalen. Es ist daher

$$\int e\, dS = \int a\, dy\, dz + \int b\, dx\, dz + \int c\, dx\, dy,$$

wobei die Integrationen über die gegebene Fläche zu erstrecken sind. Ist diese eine geschlossene, so erhalten wir durch partielle Integration

$$\int e\, dS = \int\int\int \left(\frac{da}{dx} + \frac{db}{dy} + \frac{dc}{dz}\right) dx\, dy\, dz,$$

oder, wenn wir setzen

$$\frac{da}{dx} + \frac{db}{dy} + \frac{dc}{dz} = -4\pi\varrho \qquad \text{C)}$$

$$\int e\, dS = -4\pi \int\int\int \varrho\, dx\, dy\, dz,$$

wo die Integration auf der rechten Seite über den ganzen Raum zu erstrecken ist, der von der Fläche umschlossen wird. Für eine umfassende Classe von Erscheinungen, wozu alle Fälle stationärer Strömung gehören, verschwindet ϱ.

C. Magnetische Quantität und Intensität.

Durch seine Studien über die magnetischen Kraftlinien [besser Inductionslinien] gelangte *Faraday* zum Schlusse, dass in den röhrenförmigen Flächen*), welche durch ein System dieser Linien gebildet werden, die Quantität der magnetischen Induction durch irgend einen Querschnitt einer solchen Röhre [Product aus Querschnitt und magnetischem Momente der Volumeneinheit] constant ist und dass die Veränderung, welche der Charakter dieser Linien beim Uebergange von einer Substanz zu einer andern erfährt, durch eine Verschiedenheit einer besondern Eigenschaft, der inductiven Capacität beider Substanzen erklärt werden kann, welche genau dieselbe Rolle spielt, wie das Leitungsvermögen in der Theorie der stationären elektrischen Strömung.[38])

In den spätern Untersuchungen werden wir magnetische Quantität und Intensität gleichzeitig mit elektrischer zu behandeln haben. In solchen Fällen werden wir die auf den Magnetismus bezüglichen Grössen durch den Index 1, die auf die Elektricität bezüglichen durch den Index 2 markiren. Die Gleichungen zwischen a, b, c, k, α, β, γ, p und ϱ sind beim Magnetismus der Form nach dieselben, wie die soeben abgeleiteten. a, b, c sind die Componenten der Quantität der magnetischen Induction [magn. Moment der Volumeneinheit]; k ist der Widerstand des Mediums gegen magnetische Induction, welcher ebenfalls nach verschiedenen Richtungen verschieden sein kann. α, β, γ sind die wirksamen magnetisirenden Kräfte, welche mit a, b, c durch die Gleichungen B) verknüpft sind; p ist die magnetische Spannung oder das magnetische Potential, wovon später die Rede sein wird, ϱ ist die Dichte des wahren Magnetismus und gemäss der Gleichung C) durch a, b und c ausgedrückt. Da alle Details der Berechnung der den Magnetismus bestimmenden Grössen nach der Erörterung des Zusammenhangs zwischen Magnetismus und Elektricität verständlicher sein werden, so mag hier die Bemerkung genügen, dass alle Definitionen der gesammten Quantität bezogen auf eine Fläche und der gesammten Intensität bezogen auf eine Curve, im Falle des Magnetismus ebenso ihre Geltung behalten, wie in dem der Elektricität.

---

*) Exp. res. 3271, Definition des Sphondyloids.

D. Elektromagnetismus.

Ampère bewies folgende Gesetze der Anziehung und Abstossung elektrischer Ströme:

I. Gleiche und entgegengesetzte Ströme erzeugen gleiche und entgegengesetzte Kräfte.

II. Ein zickzackförmiger Strom ist einem geraden äquivalent, vorausgesetzt, dass beide Ströme auf ihrer ganzen Länge immer nahezu zusammenfallen.

III. Gleiche Ströme, welche ähnliche und ähnlich gelegene geschlossene Curven durchströmen, üben gleiche Kräfte auf einander aus unabhängig von der absoluten Grösse der Curven.

IV. Ein geschlossener Strom erzeugt niemals eine Kraft, welche einen Strom, der die Gestalt eines Kreisbogens hat, um sein Centrum zu drehen strebt.

Es ist zu bemerken, dass die Ströme, mit welchen *Ampère* experimentirte, constant und daher in sich zurücklaufend waren. Alle seine Resultate wurden daher aus Experimenten mit geschlossenen Strömen abgeleitet und seine Formel für die Wechselwirkung von Stromelementen kann nur unter der Annahme bewiesen werden, dass diese Wirkung in die Richtung der Verbindungslinie der Elemente fällt. Alle Forscher stimmen überein, dass diese Annahme unzweifelhaft gerechtfertigt ist, sobald es sich um die directe Fernwirkung zweier materieller Punkte handelt; aber hier gehen wir von einer andern Grundlage aus, indem wir den Erklärungsgrund der Erscheinungen nicht bloss in den Stromleitern, sondern auch im umgebenden Medium suchen.

Die ersten beiden Gesetze zeigen, dass Ströme wie Geschwindigkeiten und Kräfte zusammengesetzt und in Componenten zerlegt werden können.

Das dritte Gesetz ist der Ausdruck einer Eigenschaft aller Anziehungen, welche als Functionen des reciproken Quadrates der Entfernung von einem festen Punktsystem aufgefasst werden können, und das vierte zeigt, dass die elektromagnetische Kraft immer zurückgeführt werden kann auf Anziehungen und Abstossungen einer passend vertheilt gedachten Materie. [Vgl. den Abschn. über die Fernwirkung geschlossener Ströme S. 39.] In der That ist die Wirkung eines sehr kleinen elektrischen Stromes auf seine Umgebung identisch mit der eines Elementarmagnetes auf einen Punkt ausserhalb desselben. Wenn wir irgend einen gegebenen Theil einer Fläche in

Flächenelemente theilen und um all diese Flächenelemente gleiche Ströme in gleicher Richtung herumfliessen lassen, so wird die Wirkung auf jeden nicht in der Fläche selbst gelegenen Punkt dieselbe sein, wie die einer mit der Fläche zusammenfallenden Schicht, welche normal gleichförmig magnetisirt ist. Aber nach dem ersten Gesetze zerstören sich alle die kleinen Ströme im Innern der Fläche und es bleibt nur ein einziger die Fläche umfliessender Strom übrig, so dass die magnetische Kraft einer gleichförmig magnetisirten Schicht gleich ist der eines dieselbe umfliessenden Stromes. Wenn die Richtung des Stromes zusammenfällt mit der der scheinbaren Bewegung der Sonne, dann muss die Richtung der gedachten Magnetisirung der Schicht dieselbe sein, wie die der wirklichen Magnetisirung der Erde.*)

Die gesammte Intensität der magnetischen Kraft [das Linienintegral der magnetischen Kraft, d. h. das Integral $\int f_x dx$ der Anmerkung 30] längs einer geschlossenen Curve, welche den Strom umschlingt, wie ein Ring einer Kette den andern, ist [für alle Gestalten der Strombahn bei constanter Stromstärke] constant und kann daher als Maass der Quantität des Stromes benutzt werden. Da diese Intensität von der Form der Strombahn unabhängig ist und nur von der Quantität des Stromes [totalen Stromintensität] abhängt, welcher durch dieselbe strömt, so wollen wir zunächst den einfachsten Fall eines Stromes betrachten, welcher ein Flächenelement $dy\,dz$ der yz-Ebene durchfliesst.

Die x-Axe mag nach Westen, die z-Axe nach Süden, die y-Axe aufwärts gerichtet sein [39]), x, y, z seien die Coordinaten des Mittelpunktes des Flächenelementes $dy\,dz$. Dann ist die totale magnetische Intensität [Linienintegral der magnetischen Kraft], gemessen längs der vier Seiten des Flächenelementes,

$$+\left(\beta_1 + \frac{d\beta_1}{dz}\frac{dz}{2}\right) dy\,,$$

$$-\left(\gamma_1 + \frac{d\gamma_1}{dy}\frac{dy}{2}\right) dz\,,$$

*) Siehe Exp. res. (3265) über die Beziehungen der elektrischen und magnetischen Ströme, betrachtet als sich gegenseitig umschlingende Curven.

$$-\left(\beta_1 - \frac{d\beta_1}{dz}\frac{dz}{2}\right) dy,$$

$$+\left(\gamma_1 - \frac{d\gamma_1}{dy}\frac{dy}{2}\right) dz,$$

$$\text{in Summa} = \left(\frac{d\beta_1}{dz} - \frac{d\gamma_1}{dy}\right) dy\, dz.$$

Die gesammte Quantität der Elektricität aber, welche in der Zeiteinheit durch $dy\,dz$ hindurchströmt, ist $a_2\,dy\,dz$. Wenn wir daher den elektrischen Strom in solchem Maasse messen, dass er gleich der totalen Intensität der magnetischen Kraft, erstreckt über eine ihn umschliessende Curve ist,[40]) so erhalten wir:

$$a_2 = \frac{d\beta_1}{dz} - \frac{d\gamma_1}{dy},\ b_2 = \frac{d\gamma_1}{dx} - \frac{d\alpha_1}{dz},\ c_2 = \frac{d\alpha_1}{dy} - \frac{d\beta_1}{dx}.$$

Vermöge dieser Gleichungen sind wir im Stande, die Vertheilung der elektrischen Ströme zu finden, sobald uns die Werthe der Intensitäten α_1, β_1, γ_1 der magnetischen Kräfte gegeben sind. Wenn α_1, β_1, γ_1 die partiellen Differentialquotienten einer und derselben Grösse nach x, resp. y und z sind, so verschwinden a_2, b_2 und c_2, woraus wir ersehen, dass der Magnetismus nicht durch elektrische Ströme erzeugt ist, welche denjenigen Theil des Feldes, den wir untersuchen, durchströmen. Er stammt entweder von in dem Felde befindlichen permanenten Magnetismen oder von ausserhalb des Feldes befindlichen Ursachen.

Es mag bemerkt werden, dass die Differentiation der obigen Gleichungen liefert

$$\frac{da_2}{dx} + \frac{db_2}{dy} + \frac{dc_2}{dz} = 0,$$

was die Continuitätsgleichung für geschlossene Ströme ist. Unsere Untersuchung ist daher vorläufig auf geschlossene Ströme beschränkt, und wir wissen in der That wenig über die magnetisirende Wirkung ungeschlossener Ströme.

Bevor wir uns auf die Berechnung des elektrischen und magnetischen Zustandes im letztern Falle einlassen, wird es von Vortheil sein, gewisse allgemeine Theoreme festzustellen, deren Richtigkeit wir analytisch beweisen wollen.

Theorem I.

Die Gleichung

$$\frac{d^2V}{dx^2} + \frac{d^2V}{dy^2} + \frac{d^2V}{dz^2} + 4\pi\varrho = 0,$$

wo V und ϱ Functionen von x, y, z sind, die nirgends unendlich werden und im Unendlichen überall verschwinden, kann immer durch eine und nur durch eine Function V erfüllt werden. (Siehe Art. 17, S. 18.)

Theorem II.

Der Werth von V, welcher die obigen Bedingungen erfüllt, ist durch das Integral

$$\iiint \frac{\varrho\, dx\, dy\, dz}{\sqrt{(x-x')^2 + (y-y')^2 + (z-z')^2}}$$

gegeben, wobei die Integration über alle Punkte des Raumes zu erstrecken ist, wo ϱ von Null verschieden ist.

Die analytischen Beweise dieser Theoreme finden sich in allen Werken über Potentialtheorie oder Elektrostatik, so in *Green*'s »Essay on the application of mathematical analysis to the theories of electricity and magnetism« Art. 18 und 19*), oder in *Gauss*' Abhandlung**) über die Kräfte, die dem Quadrate der Entfernung verkehrt proportional sind (vgl. Anm. 17).

Theorem III.

Seien U und V zwei Functionen von x, y, z, dann ist

$$\iiint U\left(\frac{d^2V}{dx^2} + \frac{d^2V}{dy^2} + \frac{d^2V}{dz^2}\right) dx\, dy\, dz$$

$$= -\iiint \left(\frac{dU}{dx}\frac{dV}{dx} + \frac{dU}{dy}\frac{dV}{dy} + \frac{dU}{dz}\frac{dV}{dz}\right) dx\, dy\, dz$$

$$= \iiint V\left(\frac{d^2U}{dx^2} + \frac{d^2U}{dy^2} + \frac{d^2U}{dz^2}\right) dx\, dy\, dz,$$

wo die Integrationen über alle Punkte des Raumes zu erstrecken sind, wo U und V von Null verschiedene Werthe haben (vgl. *Green* S. 10, Klass. S. 24).

---

*) Klassiker Nr. 61. **) Klassiker Nr. 2.

Dieses Theorem zeigt, dass, wenn sich in einem Raume gleichzeitig zwei anziehende Systeme befinden, die Wirkung des einen auf das andere gleich und entgegengesetzt der des zweiten auf das erste ist.[41]) Setzen wir $U = V$, so finden wir, dass das Potential eines Systems auf sich selbst proportional dem über den ganzen Raum erstreckten Integrale des Quadrates der resultirenden Kraft in jedem Punkte ist. Dies Resultat hätte man auch aus Art. 30 erhalten können, da das Volumen jeder Zelle nach Art. 12 und 13 dem Quadrate der Geschwindigkeit verkehrt proportional und daher die Anzahl der Zellen in einem gegebenen Raume dem Quadrate der daselbst herrschenden Geschwindigkeit direct proportional ist.

Theorem IV.

Seien $\alpha, \beta, \gamma, \varrho$ Grössen, welche in einem gegebenen Raume endliche Werthe haben und ausserhalb desselben verschwinden, und sei k eine für alle Punkte dieses Raumes gegebene continuirliche oder discontinuirliche Function von x, y, z; dann hat die Gleichung für p

$$\frac{d}{dx}\left[\frac{1}{k}\left(\alpha-\frac{dp}{dx}\right)\right]+\frac{d}{dy}\left[\frac{1}{k}\left(\beta-\frac{dp}{dy}\right)\right]+\frac{d}{dz}\left[\frac{1}{k}\left(\gamma-\frac{dp}{dz}\right)\right]+4\pi\varrho=0$$

eine und nur eine Lösung, wenn man noch fordert, dass p überall endlich sein und im Unendlichen verschwinden soll.

Der Beweis dieses Theorems wurde von Prof. *William Thomson* gegeben.*)

Wenn α, β, γ die elektromotorischen Kräfte, p die elektrische Spannung und k der Widerstandscoefficient ist, so ist die obige Gleichung identisch mit der Continuitätsgleichung C (S. 50)

$$\frac{da_2}{dx}+\frac{db_2}{dy}+\frac{dc_2}{dz}+4\pi\varrho=0$$

und das Theorem sagt aus, dass, wenn die elektromotorischen Kräfte, sowie die Menge Elektricität, welche in jedem Punkte des Raumes erzeugt wird, gegeben sind, dadurch das elektrische Potential in jedem Punkte bestimmt ist. Da die mathematischen Gesetze des Magnetismus, so weit wir dieselben jetzt betrachten, identisch mit denen der Elektricität sind, können wir auch α, β, γ als die Componenten der magnetischen Kraft,

*) Cambr. a. Dubl. math. j. III, S. 84, Febr. 1848, pap. o. electrostat. a. magn. XIII s. 206, S. 139, math. a. phys. pap. I, S. 93, art. XXXVI.

p als das magnetische Potential und ϱ als die Dichte des wahren Magnetismus betrachten, während dann k der Widerstandscoefficient gegen magnetische Induction ist.

Der Beweis dieses Theorems basirt auf der Bestimmung des Minimumwerthes der Grösse

$$Q = \int\int\int \frac{dx\,dy\,dz}{k}\left[\left(\alpha - \frac{dp}{dx} - k\frac{dV}{dx}\right)^2 + \right.$$

$$\left. + \left(\beta - \frac{dp}{dy} - k\frac{dV}{dy}\right)^2 + \left(\gamma - \frac{dp}{dz} - k\frac{dV}{dz}\right)^2\right],$$

wobei V die Lösung der Gleichung

$$\frac{d^2V}{dx^2} + \frac{d^2V}{dy^2} + \frac{d^2V}{dz^2} + 4\pi\varrho = 0,$$

p dagegen zu bestimmen ist. [Dieser Beweis ist natürlich den gegen den analogen Beweis des *Dirichlet*'schen Princips gemachten Einwendungen ausgesetzt.] Die Bedeutung dieses Integrals in der Elektricitätslehre kann folgendermaassen gefunden werden. Wenn die Anwesenheit der Medien, in denen k verschiedene Werthe hat, die Kraftvertheilung nicht beeinflussen würde, so wäre die »Quantität« in der Abscissenrichtung einfach $\frac{dV}{dx}$, die Intensität $k\frac{dV}{dx}$. In Wirklichkeit aber haben diese beiden Grössen die Werthe $\frac{1}{k}\left(\alpha - \frac{dp}{dx}\right)$, respective $\alpha - \frac{dp}{dx}$. Diejenigen Theile beider Grössen, welche von der Verschiedenheit der Medien allein herrühren, sind daher

$$\frac{1}{k}\left(\alpha - \frac{dp}{dx}\right) - \frac{dV}{dx} \text{ und } \alpha - \frac{dp}{dx} - k\frac{dV}{dx}.$$

Das Product beider stellt die Arbeit dar, welche bei gegebener Vertheilung der Quellen geleistet werden muss, um diese Vertheilung der Medien im Raume herzustellen. Fügen wir dazu noch die Glieder, welche sich auf die y- und z-Axe beziehen, so erhalten wir die Grösse Q als Ausdruck für die gesammte Arbeit, welche nicht direct durch die Anwesenheit der Quellen, sondern durch die Vertheilung der leitenden Mittel geleistet wird.[42])

Dieser Ausdruck wird für einen und nur einen Werth

von p zu einem Minimum, und zwar für denjenigen, welcher die Lösung unserer ursprünglichen Gleichungen ist.

Theorem V.

Wenn a, b, c drei gegebene Functionen von x, y, z sind, welche der Gleichung genügen:

$$\frac{da}{dx} + \frac{db}{dy} + \frac{dc}{dz} = 0,$$

so ist es immer möglich, drei Functionen α, β, γ von x, y, z zu finden, welche den Gleichungen genügen:

$$\frac{d\beta}{dz} - \frac{d\gamma}{dy} = a, \quad \frac{d\gamma}{dx} - \frac{d\alpha}{dz} = b, \quad \frac{d\alpha}{dy} - \frac{d\beta}{dx} = c.$$

Sei $A = \int c\,dy$, wobei die Grösse c bloss partiell nach y zu integriren ist, während x und z als constant zu betrachten sind. Ferner sei $B = \int a\,dz$, $C = \int b\,dx$, $A' = \int b\,dz$, $B' = \int c\,dx$, $C' = \int a\,dy$; alle Integrationen sind in dem eben definirten Sinne aufzufassen. Dann werden die drei Grössen

$$\alpha = A - A' + \frac{d\psi}{dx}, \quad \beta = B - B' + \frac{d\psi}{dy}, \quad \gamma = C - C' + \frac{d\psi}{dz}$$

den gegebenen Gleichungen genügen; denn es ist

$$\frac{d\beta}{dz} - \frac{d\gamma}{dy} = \int \frac{da}{dz} dz - \int \frac{dc}{dz} dx - \int \frac{db}{dy} dx + \int \frac{da}{dy} dy$$

$$0 = \int \frac{da}{dx} dx + \int \frac{db}{dy} dx + \int \frac{dc}{dz} dx,$$

daher

$$\frac{d\beta}{dz} - \frac{d\gamma}{dy} = \int \frac{da}{dx} dx + \int \frac{da}{dy} dy + \int \frac{da}{dz} dz = a.$$

In derselben Weise lässt sich zeigen, dass diese Werthe von α, β, γ die übrigen Gleichungen befriedigen. Die Function ψ ist durch diese Gleichungen vollkommen unbestimmt gelassen.

Diese Methode ist einer Abhandlung Prof. *William Thomson*'s über den Magnetismus entlehnt.*)

Da wir die geforderten Integrationen nicht ausführen können, sobald a, b, c discontinuirliche Functionen von x, y, z

*) Phil. trans. 1851, p. 283, mitgetheilt 20. Juni 1850, pap. o. electrostat. a. magn. V, s. 521, S. 402.

sind, so zeigt die folgende vollkommen allgemeine, freilich etwas complicirtere Methode noch deutlicher die Richtigkeit des fraglichen Lehrsatzes.

Es seien A, B, C die aus den Gleichungen

$$\frac{d^2A}{dx^2}+\frac{d^2A}{dy^2}+\frac{d^2A}{dz^2}+a=0,\ \frac{d^2B}{dx^2}+\frac{d^2B}{dy^2}+\frac{d^2B}{dz^2}+b=0,$$

$$\frac{d^2C}{dx^2}+\frac{d^2C}{dy^2}+\frac{d^2C}{dz^2}+c=0$$

nach den Methoden der Theoreme I und II abgeleiteten Grössen, so dass A, B, C nirgends unendlich werden und, wenn x, y oder z unendlich sind, verschwinden.

Ferner sei

$$\alpha=\frac{dB}{dz}-\frac{dC}{dy}+\frac{d\psi}{dx},\ \beta=\frac{dC}{dx}-\frac{dA}{dz}+\frac{d\psi}{dy},$$

$$\gamma=\frac{dA}{dy}-\frac{dB}{dx}+\frac{d\psi}{dz};$$

dann hat man

$$\frac{d\beta}{dz}-\frac{d\gamma}{dy}=\frac{d}{dx}\left(\frac{dA}{dx}+\frac{dB}{dy}+\frac{dC}{dz}\right)-\left(\frac{d^2A}{dx^2}+\frac{d^2A}{dy^2}+\frac{d^2A}{dz^2}\right)$$

$$=\frac{d}{dx}\left(\frac{dA}{dx}+\frac{dB}{dy}+\frac{dC}{dz}\right)+a.$$

Wenn wir diese Gleichung nach x, die beiden analogen für die y- und z-Coordinate nach y und z differentiiren und nachher alle drei addiren, so finden wir mit Rücksicht auf die Gleichung

$$\frac{da}{dx}+\frac{db}{dy}+\frac{dc}{dz}=0:$$

$$\left(\frac{d^2}{dx^2}+\frac{d^2}{dy^2}+\frac{d^2}{dz^2}\right)\left(\frac{dA}{dx}+\frac{dB}{dy}+\frac{dC}{dz}\right)=0.$$

Da nun A, B, C überall endlich sind und im Unendlichen verschwinden, so ist die einzig mögliche Lösung dieser Gleichung

$$\frac{dA}{dx}+\frac{dB}{dy}+\frac{dC}{dz}=0,$$

und wir erhalten endlich

$$\frac{d\beta}{dz} - \frac{d\gamma}{dy} = a,$$

mit zwei analogen Gleichungen für y und z, welche beweisen, dass α, β, γ richtig bestimmt worden sind.

Die Function ψ kann nur bestimmt werden, wenn der Werth von

$$\frac{d\alpha}{dx} + \frac{d\beta}{dy} + \frac{d\gamma}{dz} = \left(\frac{d^2}{dx^2} + \frac{d^2}{dy^2} + \frac{d^2}{dz^2}\right)\psi$$

gegeben ist. Wäre diese Grösse z. B. allgemein gleich Null, so müsste auch $\psi = 0$ sein.

Theorem VI.

Seien wieder a, b, c irgend welche gegebenen Functionen von x, y, z. Dann ist es immer möglich, drei Functionen α, β, γ und eine vierte V derselben Grössen so zu bilden, dass

$$\frac{d\alpha}{dx} + \frac{d\beta}{dy} + \frac{d\gamma}{dz} = 0$$

und

$$a = \frac{d\beta}{dz} - \frac{d\gamma}{dy} + \frac{dV}{dx},$$

$$b = \frac{d\gamma}{dx} - \frac{d\alpha}{dz} + \frac{dV}{dy}$$

$$c = \frac{d\alpha}{dy} - \frac{d\beta}{dx} + \frac{dV}{dz}.$$

Es sei

$$\frac{da}{dx} + \frac{db}{dy} + \frac{dc}{dz} = -4\pi\varrho$$

und V aus der Gleichung gefunden

$$\frac{d^2V}{dx^2} + \frac{d^2V}{dy^2} + \frac{d^2V}{dz^2} = -4\pi\varrho;$$

dann genügen die Grössen

$$a' = a - \frac{dV}{dx},\ b' = b - \frac{dV}{dy},\ c' = c - \frac{dV}{dz}$$

der Bedingung

$$\frac{da'}{dx} + \frac{db'}{dy} + \frac{dc'}{dz} = 0,$$

und daher können wir drei Functionen A, B, C und daraus α, β, γ so bestimmen, dass sie den gegebenen Gleichungen genügen. [a', b', c' übernehmen dann die Rolle der Grössen a, b, c des Theorems V.]

Theorem VII.

Das über den ganzen unendlichen Raum erstreckte Integral

$$Q = \int\int\int (a_1 \alpha_1 + b_1 \beta_1 + c_1 \gamma_1)\, dx\, dy\, dz,$$

wobei a_1, b_1, c_1, α_1, β_1, γ_1 irgend beliebige Functionen sind, ist der Umformung in

$$Q = \int\int\int [4\pi \varrho_1 + (\alpha_0 a_2 + \beta_0 b_2 + \gamma_0 c_2)]\, dx\, dy\, dz$$

fähig. Die in dem letztern Integrale vorkommenden Grössen sind durch die Gleichungen bestimmt:

$$\frac{da_1}{dx} + \frac{db_1}{dy} + \frac{dc_1}{dz} + 4\pi \varrho_1 = 0$$

$$\frac{d\alpha_1}{dx} + \frac{d\beta_1}{dy} + \frac{d\gamma_1}{dz} + 4\pi \varrho'_1 = 0,$$

α_0, β_0, γ_0, V aber sind aus a_1, b_1, c_1 durch das vorhergehende Theorem bestimmt[43]), so dass

$$a_1 = \frac{d\beta_0}{dz} - \frac{d\gamma_0}{dy} + \frac{dV}{dx} \text{ etc.},$$

a_2, b_2, c_2 aber sind aus α_1, β_1, γ_1 durch die Gleichungen bestimmt

$$a_2 = \frac{d\beta_1}{dz} - \frac{d\gamma_1}{dy} \text{ etc.}$$

p ist aus der Gleichung zu berechnen

$$\frac{d^2 p}{dx^2} + \frac{d^2 p}{dy^2} + \frac{d^2 p}{dz^2} + 4\pi \varrho'_1 = 0.$$

In der That, wenn wir a_1 in der Form schreiben:

$$\frac{d\beta_0}{dz} - \frac{d\gamma_0}{dy} + \frac{dV}{dx},$$

und ähnlich b_1 und c_1, und bedenken, dass alle diese Functionen im Unendlichen verschwinden, so erhalten wir durch partielle Integration des über den ganzen unendlichen Raum erstreckten Integrales

$$Q = -\iiint \left\{ V\left(\frac{d\alpha_1}{dx} + \frac{d\beta_1}{dy} + \frac{d\gamma_1}{dz}\right) - \alpha_0\left(\frac{d\beta_1}{dz} - \frac{d\gamma_1}{dy}\right) - \beta_0\left(\frac{d\gamma_1}{dx} - \frac{d\alpha_1}{dz}\right) - \gamma_0\left(\frac{d\alpha_1}{dy} - \frac{d\beta_1}{dx}\right)\right\} dx\,dy\,dz,$$

oder

$$Q = \iiint [4\pi V\varrho'_1 + (\alpha_0 a_2 + \beta_0 b_2 + \gamma_0 c_2)]\, dx\,dy\,dz\,,$$

und vermöge des Theorems III folgt:

$$\iiint V\varrho'_1\, dx\,dy\,dz = \iiint p\,\varrho_1\, dx\,dy\,dz\,,$$

daher endlich

$$Q = \iiint [4\pi p\varrho_1 + (\alpha_0 a_2 + \beta_0 b_2 + \gamma_0 c_2)]\, dx\,dy\,dz.$$ [44]

Wenn a_1, b_1, c_1 die Componenten der magnetischen Quantität und α_1, β_1, γ_1 die der magnetischen Intensität bezeichnen, so bezeichnet ϱ_1 die Dichte des wahren Magnetismus und p das magnetische Potential oder die Spannung. a_2, b_2, c_2, sind die Componenten der Quantität der elektrischen Ströme und α_0, β_0, γ_0 sind drei aus a_1, b_1, c_1 abgeleitete Grössen, von denen wir sehen werden, dass sie den mathematischen Ausdruck für *Faraday*'s elektrotonischen Zustand darstellen.

Wir wollen jetzt die Beziehung dieser analytischen Theoreme zur Theorie des Magnetismus betrachten. Sobald wir es mit Grössen zu thun haben, welche sich auf den Magnetismus beziehen, wollen wir denselben unten den Index 1 beifügen. Daher sind a_1, b_1, c_1 die Componenten der Quantität der magnetischen Induction, α_1, β_1 γ_1, die der Intensität der Magnetisirung in irgend einem Punkte oder, was dasselbe ist, die Componenten der Kraft, welche auf einen Südpol [45]) von der Intensität 1 wirken würde, wenn man denselben, ohne die magnetische Vertheilung zu stören, an die betreffende Stelle brächte.

Die elektrischen Ströme werden aus den magnetischen Intensitäten durch folgende Gleichungen gefunden:

$$a_2 = \frac{d\beta_1}{dz} - \frac{d\gamma_1}{dy} \text{ etc.}$$

Wo keine elektrischen Ströme vorhanden sind, ist:

$$\alpha_1\, dx + \beta_1\, dy + \gamma_1\, dz = dp_1$$

ein vollständiges Differentiale einer Function von x, y und z. Nach dem Principe der Analogie können wir p_1 die magnetische Spannung nennen.

Die Kräfte, welche auf eine südmagnetische Masse m in den Coordinatenrichtungen wirken sind:

$$-m\frac{dp_1}{dx},\ -m\frac{dp_1}{dy},\ -m\frac{dp_1}{dz},$$

und daher ist die gesammte Arbeit, welche bei irgend einer Lagenänderung eines magnetischen Systems geleistet wird, gleich der Abnahme des über das gesammte System erstreckten Integrales

$$Q = \int\!\!\int\!\!\int \varrho_1 p_1\, dx\, dy\, dz.$$

Wir nennen Q das gesammte Potential des Systems auf sich selbst. Die Zunahme oder Abnahme von Q misst die bei irgend einer Lagenänderung irgend eines Theils des Systems verlorene oder gewonnene Arbeit und setzt uns daher in den Stand, die auf den betreffenden Theil des Systems wirkenden Kräfte zu berechnen.

Nach dem Theorem III kann man Q in die Form bringen:

$$Q = \frac{1}{4\pi}\int\!\!\int\!\!\int (a_1\alpha_1 + b_1\beta_1 + c_1\gamma_1)\, dx\, dy\, dz,$$

worin α_1, β_1, γ_1 die Ableitungen von p_1 nach x, respective y und z sind. [Vergl. Anm. 26 und 32.]

Wenn wir nun annehmen, dass dieser Ausdruck von Q richtig ist, welche Werthe immer die Grössen α_1, β_1, γ_1 haben mögen [auch wenn $\alpha_1 dx + \beta_1 dy + \gamma_1 dz$ kein vollständiges Differential ist], so gelangen wir von der Betrachtung der Wirkungen permanenter Magnete zu der der magnetischen Wirkung elektrischer Ströme und wir haben vermöge des Theorems VII

$$Q = \int\!\!\int\!\!\int \left[p_1\varrho_1 + \frac{1}{4\pi}(\alpha_0 a_2 + \beta_0 b_2 + \gamma_0 c_2)\right] dx\, dy\, dz.$$

Im Falle elektrischer Ströme müssen daher die Stromcomponenten mit den Functionen α_0, resp. β_0 und γ_0 multiplicirt werden und die Summirung aller dieser Producte über das ganze System giebt uns den von den elektrischen Strömen herrührenden Theil von Q.

Wir haben nun in den Functionen $\alpha_0, \beta_0, \gamma_0$ die Mittel erhalten, um die Betrachtung der magnetischen Induction, welche durch den Stromkreis hindurchgeht, vermeiden zu können. Anstatt dieser künstlichen Methode können wir nun die weit natürlichere anwenden, den Strom mit Grössen in Zusammenhang zu bringen, welche in dem gleichen Raume vorhanden sind, wie der Strom selbst. Diese Grössen $(\alpha_0, \beta_0, \gamma_0)$ nenne ich die elektrotonischen Functionen oder die Componenten der elektrotonischen Intensität.

Wir wollen nun die Bedingungen für die Leitung elektrischer Ströme in dem Medium während der Veränderungen des elektrotonischen Zustandes betrachten. Wir wollen uns da einer Methode bedienen, welche eine Anwendung der von *Helmholtz* in seiner Abhandlung über die Erhaltung der Kraft angegebenen ist.*)

Es sei eine gewisse äussere Quelle elektrischer Ströme gegeben, welche in der leitenden Masse Ströme erzeugen würde, deren Quantität durch a_2, b_2, c_2 und deren Intensität durch $\alpha_2, \beta_2, \gamma_2$ gemessen ist. Dann ist die in Folge dieser Ursache während der Zeit dt auf Ueberwindung von Widerstand verwendete Arbeit

$$dt \iiint (a_2 \alpha_2 + b_2 \beta_2 + c_2 \gamma_2)\, dx\, dy\, dz\,,$$

und die durch die elektromagnetische Wirkung dieser Ströme mechanisch geleistete Arbeit

$$\frac{dt}{4\pi} \frac{d}{dt} \iiint (a_2 \alpha_0 + b_2 \beta_0 + c_2 \gamma_0)\, dx\, dy\, dz\,.$$

Wenn keine äusseren Energiequellen vorhanden sind, welche die Ströme hervorrufen, so muss daher die gesammte Arbeit verschwinden und man erhält

$$dt \iiint (a_2 \alpha_2 + b_2 \beta_2 + c_2 \gamma_2)\, dx\, dy\, dz$$
$$+ \frac{dt}{4\pi} \frac{d}{dt} \iiint (a_2 \alpha_0 + b_2 \beta_0 + c_2 \gamma_0)\, dx\, dy\, dz = 0\,,$$

wo die Integrale über einen beliebigen Raum erstreckt werden können. Daraus ergiebt sich für jeden Punkt des Raumes:

---

*) Klassiker Nr. 1.

$$a_2\alpha_2 + b_2\beta_2 + c_2\gamma_2 + \frac{1}{4\pi}\frac{d}{dt}(a_2\alpha_0 + b_2\beta_0 + c_2\gamma_0) = 0.$$

Es muss im Auge behalten werden, dass hier bloss diejenige Veränderung von Q gemeint ist, welche durch Veränderung der Grössen α_0, β_0, γ_0, nicht aber der Grössen a_2, b_2, c_2 entsteht. Wir müssen daher a_2, b_2, c_2 als Constante behandeln und erhalten die Gleichung:

$$a_2\left(\alpha_2 + \frac{1}{4\pi}\frac{d\alpha_0}{dt}\right) + b_2\left(\beta_2 + \frac{1}{4\pi}\frac{d\beta_0}{dt}\right) + c_2\left(\gamma_2 + \frac{1}{4\pi}\frac{d\gamma_0}{dt}\right) = 0.$$

Damit diese Gleichung unabhängig von dem Werthe der Grössen a_2, b_2, c_2 erfüllt sei[46]), müssen die drei Coefficienten dieser Grössen für sich verschwinden und wir erhalten daher, wenn wir die durch die Fernwirkung der Magnete und Ströme hervorgerufenen elektromotorischen Kräfte durch den elektrotonischen Zustand ausdrücken, die folgenden Gleichungen:

$$\alpha_2 = -\frac{1}{4\pi}\frac{d\alpha_0}{dt}, \quad \beta_2 = -\frac{1}{4\pi}\frac{d\beta_0}{dt}, \quad \gamma_2 = -\frac{1}{4\pi}\frac{d\gamma_0}{dt}.$$

Das Experiment zeigt, dass sich der Ausdruck $\frac{d\alpha_0}{dt}$ auf die Veränderung des elektrotonischen Zustandes eines gegebenen Massentheilchens des Leiters bezieht, sei es, dass derselbe durch eine Veränderung des Werthes der elektrotonischen Functionen selbst oder durch eine Bewegung des Massentheilchens hervorgerufen wird.

Wenn α_0 als Function von x, y, z und t ausgedrückt wird, und x, y, z die Coordinaten eines bewegten [ponderabeln] Massentheilchens sind, so ist die in der Richtung der Abscissenaxen wirkende elektromotorische Kraft

$$\alpha_2 = -\frac{1}{4\pi}\left(\frac{d\alpha_0}{dx}\frac{dx}{dt} + \frac{d\alpha_0}{dy}\frac{dy}{dt} + \frac{d\alpha_0}{dz}\frac{dz}{dt} + \frac{d\alpha_0}{dt}\right)$$ [47]).

Analoge Ausdrücke erhält man für die Componenten der elektromotorischen Kraft in der y- und z-Richtung. Die Vertheilung der durch diese Kräfte hervorgerufenen elektrischen Ströme hängt von der Form und Lage der leitenden Medien und von der gesammten elektrischen Spannung in irgend einem Punkte ab.

Die Discussion dieser Functionen würde uns in mathematische Formeln verwickeln, deren diese Abhandlung ohnehin schon allzu voll ist. Nur vermöge ihrer physikalischen Wichtigkeit habe ich überhaupt den mathematischen Ausdruck für eine der *Faraday*'schen Ideen hier in der gegenwärtigen Form auseinander gesetzt. Durch eine noch sorgfältigere Ueberlegung aller ihrer Beziehungen und mit Unterstützung von Männern, welche sich sowohl mit den in dieses Gebiet einschlägigen physikalischen Untersuchungen, als auch mit anderen scheinbar nicht damit zusammenhängenden beschäftigen, hoffe ich die Theorie des elektrotonischen Zustandes einst in eine Form bringen zu können, in welcher alle ihre Beziehungen ohne Zuhülfenahme analytischer Rechnungen klar hervortreten werden.

E. Zusammenfassung des über die Theorie des elektrotonischen Zustandes Gesagten.

Wir kennen den elektrotonischen Zustand in irgend einem Punkt des Raumes als einen in Grösse und Richtung bestimmten Vector und können den elektrotonischen Zustand einem Punkte des Raumes durch irgend ein Bestimmungsstück der Mechanik, sei es eine Geschwindigkeit oder eine Kraft, darstellen, deren Richtung und Grösse denen des vorausgesetzten elektrotonischen Zustandes entspricht. Diese Darstellung involvirt keine physikalische Theorie, sie ist nur eine Art künstlicher Versinnlichung. In analytischen Untersuchungen verwenden wir die drei Componenten des elektrotonischen Zustandes, welche wir die elektrotonischen Funktionen nannten. Wir können für jeden Punkt einer geschlossenen Curve die Componente des elektrotonischen Zustandes in der Richtung derselben finden. Multipliciren wir diese Componente mit dem Längendifferenzial der Curve und integriren über die ganze Curve, so erhalten wir das, was wir die gesammte elektrotonische Intensität längs einer geschlossenen Curve nennen wollen.

Lehrsatz I.

Wenn auf irgend einer Fläche eine geschlossene Curve gezeichnet wird und wenn der innerhalb liegende Theil der Fläche in unendlich kleine Flächenelemente getheilt wird, so ist die gesammte Intensität längs der geschlossenen Curve gleich der in derselben Richtung [demselben Umkreisungssinne] geschätzten Intensitäten längs aller Curven, welche die Flächenelemente umschliessen. Denn wenn man um die Flächenelemente herumgeht, so wird jede Begrenzungslinie, welche zwischen zweien derselben liegt, zweimal in entgegengesetzter Richtung durchlaufen, wobei die Intensität im erstern Fall um eben so viel vermehrt, als im zweiten vermindert wird. Daher heben sich alle im Innern liegenden Linienelemente auf und es bleibt nur die Integration über die äussere geschlossene Linie übrig.

Gesetz I. Die gesammte elektrotonische Intensität längs des Umfangs eines Flächenelementes misst die Quantität der magnetischen Induction, welche durch jenes Flächenelement hindurchgeht oder (in andern Worten) die Zahl der magnetischen Kraftlinien [Inductionslinien], welche durch jenes Flächenelement hindurchgehen.

Nach Lehrsatz I ist es klar, dass dasjenige, was für Flächenelemente gilt, auch für Flächen von endlicher Grösse richtig sein muss. Daher wird die Quantität der magnetischen Induction durch zwei beliebige Flächen gleich sein müssen, sobald sie durch die gleiche geschlossene Curve begrenzt sind.

Gesetz II. Die magnetische Intensität in irgend einem Punkte ist mit der Quantität der magnetischen Induction durch ein System dreier linearer Gleichungen verknüpft, welche die Gleichungen der [magnetischen] Leitung heissen. (Vergl. Artikel 28.)

Gesetz III. Die gesammte magnetische Intensität längs des Umfangs irgend einer Fläche misst die Quantität des elektrischen Stromes, welcher durch diese Fläche geht.

Gesetz IV. Die Quantität und Intensität eines elektrischen Stromes sind ebenfalls durch ein System von Leitungsgleichungen mit einander verknüpft, welche dieselbe Form haben wie beim Magnetismus.

Durch diese vier Gesetze kann magnetische und elektrische Quantität und Intensität aus den Werthen der elektrotonischen Functionen abgeleitet werden. Ich habe nichts über die zu wählenden Einheiten gesagt, da dies besser bei Discussion wirklicher Experimente geschieht. Wir kommen nun zur Behandlung von Stromleitern und zur Induction von Strömen in Leitern.

Gesetz V. Das gesammte elektromagnetische Potential eines geschlossenen Stromes ist gemessen durch das Product aus der Quantität des Stromes und der gesammten elektrotonischen Intensität längs des Stromkreises, geschätzt in der Stromrichtung [Linienintegral der elektrotonischen Intensität längs des Stromkreises].

Irgend eine Verschiebung des Conductors, welche dieses Potential vermehrt, wird durch eine Kraft begünstigt werden, welche proportional dem Differenzialquotienten des Potentials nach der die Verschiebung bestimmenden Coordinate ist, so dass die während der Verschiebung geleistete mechanische Arbeit dem Zuwachse des Potentials proportional ist.

Obwohl in gewissen Fällen eine Richtungs- oder Intensitätsänderung des Stromes [im Stromleiter ohne Lagenänderung des letzteren] das Potential vermehren kann, so würde eine solche Aenderung an sich keine Arbeit leisten, und es wird kein Bestreben vorhanden sein, diese Aenderung hervorzubringen, da Aenderungen des Stromes lediglich durch elektromotorische Kräfte, niemals durch elektromagnetische Anziehungen [ponderomotorische Kräfte] hervorgerufen werden, welche letztere nur auf die ponderable Masse des Leiters wirken [vielleicht abgesehen vom Hallphänomen].

Gesetz VI. Die auf ein Element eines Leiters wirkende elektromotorische Kraft [der Induction] ist durch den Differenzialquotienten der längs dieses Elements genommenen elektrotonischen Intensität nach der Zeit gemessen, mag dieser durch eine Grössen- oder Richtungsänderung des elektrotonischen Zustandes bewirkt werden.

Die elektromotorische Kraft in einem geschlossenen Leiter ist proportional dem nach der Zeit genommenen Differentialquotienten der gesammten elektrotonischen Intensität längs des ganzen Leitungskreises. Sie ist unabhängig von der Natur des Leiters, während die erzeugte Stromintensität dem Widerstande verkehrt proportional ist. Erstere bleibt dieselbe, wie immer die Veränderung der elektrotonischen Intensität erzeugt worden sein mag, sei es durch Bewegung des Leiters oder durch Veränderung des Feldes, in dem er sich befindet.

Ich habe versucht, in diesen sechs Gesetzen den mathematischen Ausdruck der Idee zu liefern, welche, wie ich glaube, dem Gedankengange in den Experimentaluntersuchungen *Faraday's* zu Grunde liegt. Ich bilde mir nicht ein, dass sie auch nur den Schatten einer wahren physikalischen Theorie enthalten; ihr Hauptverdienst als ein provisorisches Werkzeug zu weiteren Untersuchungen ist vielmehr, von jeder vorgefassten Meinung frei zu sein. Im Gegensatze hierzu existirt eine ausgesprochenermaassen physikalische Theorie der Elektrodynamik. Dieselbe ist so elegant mathematisch durchdacht und so gänzlich verschieden von allem in dieser Abhandlung Gebrachten, dass ich ihre Grundannahmen ebenfalls hier anführen zu müssen glaube, auf die Gefahr hin, zu wiederholen, was allen wohl bekannt sein sollte. Sie ist enthalten in *Wilhelm Weber*'s elektrodynamischen Maassbestimmungen. (Verhandlungen der Leibniz-Gesellschaft oder der königlich sächsischen Gesellschaft der Wissenschaften.*) Diese Annahmen sind folgende:

1) Zwei in Bewegung befindliche elektrische Theilchen stossen sich nicht mit derselben Kraft ab, als wenn sie sich in Ruhe befänden, sondern diese Kraft erfährt eine Veränderung, welche von der Relativbewegung der beiden Theilchen abhängt, so dass der Ausdruck für die Abstossung in der Distanz r der folgende ist:

$$- \frac{ee'}{r^2}\left[1 + a\left(\frac{dr}{dt}\right)^2 + br\,\frac{d^2r}{dt^2}\right].$$

2) Wenn die Elektricität in einem Leiter strömt, so ist die Geschwindigkeit des positiven Fluidums relativ gegen die Masse des Leiters gleich und entgegengesetzt gerichtet der des negativen Fluidums.

3) Die Gesammtwirkung eines Leiterelementes auf ein anderes ist die Resultirende aller Wechselwirkungen der beiden darin enthaltenen elektrischen Fluida.

4) Die elektromotorische Kraft in irgend einem Punkte ist die Differenz der Kräfte, welche auf das positive und negative Fluidum wirken.

Aus diesen Grundannahmen können die von *Ampère* für die Wechselwirkung der Stromleiter, sowie die von *Neumann* und andern für die Inductionswirkungen aufgestellten Gesetze abgeleitet werden. Dieselben sind daher die Grundlage einer wirklichen physikalischen Theorie, welche die Bedingungen für eine solche vielleicht besser erfüllen, als irgend eine andere bisher aufgestellte Theorie, und welche von einem For-

---

*) Als dieses geschrieben wurde, hatte ich noch keine Kenntniss, dass ein Theil von *Weber*'s Abhandlungen in *Taylor*'s Scientific Memoirs Bd. V, Art. 14 übersetzt ist. Die experimentelle und theoretische Bedeutung dieser Untersuchungen macht das Studium derselben für jeden Elektriker unentbehrlich.

scher aufgestellt wurden, dessen Experimentaluntersuchungen eine breite Grundlage seiner mathematischen Speculationen bilden. Man könnte also fragen, welchen Nutzen die Ersetzung eines leicht verständlichen Anziehungsgesetzes durch die Idee eines elektrotonischen Zustandes, von welchem wir keine klare physikalische Vorstellung haben, gewähre. Ich antworte, dass es immer wichtig sei, zwei Anschauungsweisen von einem Gegenstande zu haben und einzusehen, dass verschiedene Anschauungsweisen möglich sind. Zudem glaube ich nicht, dass gegenwärtig schon die Zeit gekommen sei, sich eine definitive Vorstellung vom Wesen der Elektricität zu bilden, und ich halte es für das Hauptverdienst einer provisorischen Theorie, dass sie zu Experimenten anregt, ohne dem Fortschritte zu einer wahren Theorie hinderlich zu sein. Man kann auch gegen die Abhängigkeit der letzten Naturkräfte von der Geschwindigkeit der Körper, zwischen denen sie wirken, Bedenken erheben. Wenn die Naturkräfte sich auf Kräfte, die zwischen materiellen Punkten wirken, zurückführen lassen, so erfordert das Princip der Erhaltung der Energie, dass jede Kraft die Richtung der Verbindungslinie der beiden materiellen Punkte haben muss, zwischen denen sie wirkt, und dass ihre Intensität eine Function der Entfernung derselben allein sein muss.[48]) Die Experimente von *Weber* über die verkehrte Polarität diamagnetischer Substanzen, welche in neuester Zeit von Prof. *Tyndall* wiederholt wurden [entscheiden nichts; denn sie] constatiren lediglich eine Thatsache, welche in gleicher Weise aus *Weber*'s Theorie der Elektricität und aus der Theorie der Kraftlinien folgt.

Bezüglich der Geschichte der gegenwärtigen Theorie erwähne ich, dass die Benutzung dieser mathematischen Functionen zum Ausdrucke von *Faraday*'s elektrotonischem Zustand und zur Bestimmung elektrodynamischer Potentiale und elektromotorischer Kräfte, soweit ich mich erinnere, neu ist. Die sichere Vermuthung der Möglichkeit dieser mathematischen Ausdrücke verdanke ich jedoch dem Studium von Prof. *William Thomson*'s Abhandlung »über die mechanische Darstellung der elektrischen, magnetischen und galvanischen Kräfte« (siehe Citat S. 45) und dessen mathematischer Theorie des Magnetismus (Art. 78 u. s. w., siehe Citat S. 33). Um ein Beispiel für ein Hülfsmittel zu geben, welches aus andern physikalischen Untersuchungen zum Studium herbeigezogen werden könnte, erwähne ich, dass mich, nachdem ich die Lehrsätze dieser Abhandlung ausgearbeitet hatte, Prof. *Stokes* darauf aufmerksam machte, dass er ähnliche Ausdrücke in seiner dynamischen Theorie der Beugung (sect. I. Cambridge transact. Bd. IX, Abth. I) benutzt hat. Ob die Anwendung der Theorie dieser Functionen auf die Elektricitätslehre zu neuen für die physikalische Untersuchung nützlichen mathematischen Ideen führen wird, muss der Zukunft überlassen werden. Ich will im Folgenden einige wenige Probleme der Lehre von der Elektricität und vom Magnetismus, welche sich auf kugelförmige Körper beziehen, behandeln. Dieselben sollen nur als specielle Beispiele für die Anwendung der Methoden der gegebenen Theorie dienen. Ich verspare die detaillirte Untersuchung von Fällen, welche sich auf speciell zu machende Experimente beziehen, bis ich über die Mittel zur Anstellung solcher Experimente verfügen werde.

III. Theil.

Beispiele.

A. Theorie der elektrischen Bilder.

Durch die Methode der elektrischen Bilder, welche man Professor *William Thomson* verdankt*), wurde die Theorie der Elektricitätsvertheilung auf kugelförmigen Leitern sehr vereinfacht. Dieselbe ist aber noch einer weiteren Vereinfachung fähig, wenn wir sie mit den Methoden der vorliegenden Abhandlung verbinden. Wenn eine Kugelschale vom Radius a in der Zeiteinheit $4\pi Pa^2$ Einheiten der Flüssigkeitsmenge aussendet [und zwar gleichförmig durch alle Elemente ihrer Oberfläche], so ist, wie wir sahen, der Druck in irgend einem Punkte des als gleichförmig vorausgesetzten Mediums ausserhalb der Kugelschale gleich $kP\frac{a^2}{r}$, innerhalb derselben aber kPa, wobei r die Entfernung des betreffenden Punktes vom Centrum der Kugelschale ist.

Wenn zwei Kugelschalen vorhanden sind, von denen die eine in der Zeiteinheit die Flüssigkeitsmenge $4\pi Pa^2$ aus-

*) Vergl. eine Reihe von Abhandlungen über die mathematische Theorie der Elektricität in Cambr. and Dubl. Math. Journ., welche im März 1848 beginnt, pap. on electrostat. art. 114, S. 77.

sendet, die andere aber die Flüssigkeitsmenge $4\pi P'a'^2$ vernichtet, so ist der Druck in einem Punkte ausserhalb der beiden Kugelschalen

$$p = 4\pi P \frac{a^2}{r} - 4\pi P' \frac{a'^2}{r'},$$

wobei r und r' die Distanzen des betreffenden Punktes von den Mittelpunkten der beiden Kugelschalen, a und a' deren Radien sind. Setzen wir diesen Ausdruck gleich Null, so erhalten wir für die Fläche, in welcher der Druck Null herrscht, die Gleichung:

$$\frac{r'}{r} = \frac{P'a'^2}{Pa^2}.$$

Die Fläche, wo der Druck Null herrscht, hat also die Eigenschaft, dass die beiden Entfernungen jedes ihrer Punkte von zwei fixen Punkten in einem constanten Verhältnisse stehen. Eine solche Fläche ist bekanntlich eine Kugelfläche, deren Centrum O so auf der Centrilinie CC' der beiden ursprünglich gegebenen Kugeln liegt, dass

$$C'O = CC' \frac{P'^2 a'^4}{P^2 a^4 - P'^2 a'^4} \qquad 49)$$

ist und deren Radius

$$= CC' \frac{Pa^2 \cdot P'a'^2}{P^2 a^4 - P'^2 a'^4}$$

ist. Wenn wir im Centrum dieser dritten Kugel eine neue Quelle anbringen, so muss der durch diese Quelle hervorgebrachte Druck zu dem durch die beiden andern erzeugten addirt werden; und da dieser neu hinzukommende Druck nur Function der Entfernung vom Centrum O ist, so ist er auf der Oberfläche der dritten Kugel, wo der von den beiden andern Quellen zusammen hervorgebrachte Druck gleich Null ist, constant.

Wir haben nun die Mittel, ein System von Quellen innerhalb einer gegebenen Kugelfläche so zu vertheilen, dass es mit einem gegebenen System von Quellen ausserhalb der Kugelfläche zusammen auf jener Kugelfläche einen constanten Druck erzeugt.

Es seien a der Radius der Kugelfläche und p der gegebene Druck, b_1, b_2 etc. die Distanzen der gegebenen Quellen vom

Mittelpunkte der Kugel und $4\pi P_1$, $4\pi P_2$ etc. die Flüssigkeitsmengen, welche diese Quellen in der Zeiteinheit hervorbringen. Wenn wir dann in den Distanzen $\frac{a^2}{b_1}$, $\frac{a^2}{b_2}$ etc. vom Kugelmittelpunkte negative Quellen anbringen, welche auf den Geraden b_1, b_2 etc. liegen und in der Zeiteinheit die Flüssigkeitsmengen

$$-4\pi P_1 \frac{a}{b_1}, -4\pi P_2 \frac{a}{b_2} \text{ etc.}$$

liefern, so wird der Druck auf der Fläche $r = a$ gleich Null sein. Bringen wir nun eine Quelle $\frac{4\pi pa}{k}$ in ihrem Centrum an, so wird der Druck auf der ganzen Oberfläche der Kugel $r = a$ derselbe und gleich p sein.

Den Gesammtbetrag der Flüssigkeit, welche von der Fläche $r = a$ ausgesandt wird, erhält man durch Addition der Flüssigkeitsmengen, welche alle darin liegenden Quellen aussenden. Diese Addition liefert:

$$4\pi a \left(\frac{p}{k} - \frac{P_1}{b_1} - \frac{P_2}{b_2} - \text{etc.}\right)$$

Um dieses Resultat auf den Fall leitender Kugeln anzuwenden, setzen wir voraus, die äusseren Quellen von den Intensitäten $4\pi P_1$, $4\pi P_2$ etc. seien kleine elektrisirte Körper, welche die Mengen e_1, e_2 etc. positiver Elektricität enthalten. Ferner wollen wir voraussetzen, die Kugel vom Radius a sei eine isolirte, leitende Kugel, welche vor der Wirkung jener elektrisirten Körper die Ladung E gehabt habe. Dann haben wir die vollständige Lösung des Problems gefunden, wenn es uns gelungen ist, zu bewirken, dass die Kugelfläche vom Radius a eine Fläche gleichen Potentials ist und dass die ganze Ladung auf derselben wiederum gleich E ist.

Wenn wir dies durch irgend eine Vertheilung gedachter Quellen im Innern der Kugel bewirkt haben, so ist der dieser Vertheilung entsprechende Werth des Potentials ausserhalb der Kugel der wahre und einzig mögliche. Das Potential innerhalb der Kugel dagegen ist in dem elektrischen Probleme constant und gleich dem auf der Oberfläche.

Wir müssen daher die Bilder der elektrisirten Punkte finden, das heisst, für jeden elektrisirten Punkt in der Distanz

b_h vom Centrum müssen wir einen Punkt auf dem gleich gerichteten Radius in der Distanz $\frac{a^2}{b_h}$ vom Centrum aufsuchen und uns in diesen Punkt eine Elektricitätsmenge $-\frac{ea}{b_h}$ versetzt denken.

Im Centrum der Kugel müssen wir uns eine Elektricitätsmenge E' denken, wobei

$$E' = E + e_1 \frac{a}{b_1} + e_2 \frac{a}{b_2} \text{ etc.}$$

ist. Wenn dann R die Distanz irgend eines ausserhalb der Kugel gelegenen Raumpunktes vom Centrum der Kugel, r_1, r_2 etc. die Distanzen dieses Raumpunktes von den elektrisirten Punkten und r'_1, r'_2 etc. die Distanzen von den Bildern derselben sind, so ist das Potential in jenem Raumpunkte:

$$p = \frac{E'}{R} + e_1\left(\frac{1}{r_1} - \frac{a}{b_1}\frac{1}{r'_1}\right) + e_2\left(\frac{1}{r_2} - \frac{a}{b_2}\frac{1}{r'_2}\right) \text{ etc.}$$

$$= \frac{E}{R} + \frac{e_1}{b_1}\left(\frac{a}{R} + \frac{b_1}{r_1} - \frac{a}{r'_1}\right) + \frac{e_2}{b_2}\left(\frac{a}{R} + \frac{b_2}{r_2} - \frac{a}{r_1}\right) \text{ etc.}$$

Dies ist der Werth des Potentials ausserhalb der Kugel. Auf der Oberfläche derselben haben wir

$$R = a, \frac{b_1}{r_1} = \frac{a}{r'_1}, \frac{b_2}{r_2} = \frac{a}{r'_2} \text{ etc.},$$

folglich

$$p = \frac{E}{a} + \frac{e_1}{b_1} + \frac{e_2}{b_2} \text{ etc.}$$

Diesen Werth hat auch das Potential für jeden Punkt im Innern der Kugel. Bezüglich der Anwendungen des Princips der elektrischen Bilder auf speciellere Fälle verweise ich den Leser auf die citirten Abhandlungen *Thomson*'s. Nur der Fall, dass $E = 0$, b_1 unendlich gross ist und mit der Richtung der Abscissenaxe zusammenfällt, und $\frac{e_1}{b_1^2}$ sich einer endlichen Grenze J nähert, während ausser der einen elektrischen Masse e_1 keine andern vorhanden sind, ist für uns von Wichtigkeit.

Dann ist innerhalb der Kugel $p = 0$, ausserhalb aber

$$p = -\frac{Ja^3x}{r^3}.$$

B. Ueber das Verhalten einer paramagnetischen oder diamagnetischen Kugel in einem homogenen magnetischen Felde.*)

Der Ausdruck für das Potential eines kleinen Magnets [von der Länge l und Polstärke m], der sich im Coordinatenursprung befindet und dessen magnetische Axe mit der Abscissenaxe zusammenfällt, ist:

$$l \frac{d}{dx}\left(\frac{m}{r}\right) = -lm \frac{x}{r^3}. \quad 50)$$

Es mag zunächst angenommen werden, dass die durch die Anwesenheit einer magnetisirbaren Kugel hervorgebrachte Störung der Kraftlinien dieselbe ist, wie die durch einen in ihrem Mittelpunkte angebrachten kleinen Magnet von zu bestimmender Stärke. (Diese Annahme wird sich später als gerechtfertigt erweisen.)

Vor der Störung durch die Anwesenheit der Kugel habe das Potential den Werth $p = Jx$. Durch die Einwirkung der Kugel, deren Mittelpunkt mit dem Coordinatenursprung zusammenfallen soll, komme für äussere Punkte hinzu noch der Addend:

$$p' = A \frac{a^3}{r^3} x,$$

während das Potential im Innern der Kugel den Werth habe

$$p_1 = Bx.$$

Ist dann k' der Widerstandscoefficient ausserhalb, k der innerhalb der Kugel [nicht wie (23), wo sich k' auf das Innere, k auf die Umgebung bezog], so müssen folgende Bedingungen erfüllt werden: Das innere und äussere Potential muss für die Kugelfläche denselben Werth haben[51]), und die Induction durch die Kugelfläche muss gleich herauskommen,

---

*) Siehe Prof. *Thomson*, über die Theorie der magnetischen Induction Phil. mag. 4. ser. vol I, p. 177, März 1851. pap. o. electrostat. XXX. S. 471, art. 604. Nach jener Abhandlung ist die inductive Capacität der Kugel das Verhältniss der Quantität der magnetischen Induction (nicht der Intensität) innerhalb der Kugel zu der ausserhalb. Sie ist daher nach unserer Bezeichnung gleich

$$\frac{1}{J} B \frac{k'}{k} = \frac{3k'}{2k + k'}.$$

ob man sie aus dem äusseren oder inneren Potential berechnet. Setzen wir $x = r \cos \vartheta$, so erhalten wir für das äussere Potential

$$p = \left(Jr + A\frac{a^3}{r^2}\right) \cos \vartheta$$

und für das innere

$$p_1 = Br \cos \vartheta.$$

Da beide Werthe für $r = a$ identisch sein müssen, so folgt:

$$J + A = B.$$

Die Induction durch die Oberfläche in das äussere Medium ist:

$$\frac{1}{k'}\left(\frac{dp}{dr}\right)_{r=a} = \frac{1}{k'}(J - 2A) \cos \vartheta.$$

Die durch die innere Fläche aber ist

$$\frac{1}{k}\left(\frac{dp_1}{dr}\right)_{r=a} = \frac{1}{k} B \cos \vartheta.$$

Die Gleichsetzung beider Ausdrücke liefert:

$$\frac{1}{k'}(J - 2A) = \frac{1}{k} B,$$

woraus folgt

$$A = \frac{k - k'}{2k + k'} J, \quad B = \frac{3k}{2k + k'} J.$$

Die Wirkung der Kugel ausserhalb derselben kann ersetzt werden durch die eines kleinen Magnets, dessen Länge l und dessen Moment gleich ml ist, sobald

$$ml = \frac{k - k'}{2k + k'} a^3 J.$$

Wenn sich die Kugel in dem vom Erdmagnetismus erzeugten homogenen magnetischen Felde befindet, und wenn k kleiner als k', die Kugel also paramagnetisch ist, so wird der Nordpol des äquivalenten Magnets gegen Norden zeigen. Ist k grösser als k', die Kugel also diamagnetisch, so stellt sich der äquivalente Magnet umgekehrt.

C. Magnetisches Feld von veränderlicher Intensität.

Wir setzen nun voraus, dass die Intensität des ungestörten magnetischen Feldes in Grösse und Richtung von Punkt zu Punkt veränderlich ist, und bezeichnen ihre Componenten [die der magnetischen Kraft] im Punkte x, y, z mit α, β, γ. Wenn wir dann in erster Annäherung die Intensität innerhalb der Kugel als nahe gleich der in ihrem Centrum voraussetzen, so kommen ausserhalb der Kugel in Folge ihrer Gegenwart im Felde zu dem Potentiale noch drei Addenden hinzu, welche dieselben Werthe haben, wie die Potentiale dreier kleiner Magnete, welche sich im Mittelpunkt befinden, deren Axen parallel der x-, respective der y- und z-Axe sind, und deren magnetische Momente die Werthe haben:

$$\frac{k-k'}{2k+k'}\, a^3\alpha \text{ resp. } \frac{k-k'}{2k+k'}\, a^3\beta,\ \frac{k-k'}{2k+k'}\, a^3\gamma.$$

Die wirkliche Vertheilung des Potentials innerhalb und ausserhalb der Kugel kann aufgefasst werden als bewirkt durch eine Belegung der Oberfläche der Kugel mit magnetischer Masse. Da nun der äussere Effect dieser auf der Oberfläche befindlichen Magnetismen genau derselbe ist, wie der der drei im Mittelpunkte befindlichen kleinen Magnete, so muss die gesammte von aussen ausgeübte mechanische Wirkung dieselbe sein, als ob die drei Magnete [an Stelle der Kugel] existiren würden.

Wenn die drei Magnete, deren Längen l_1, l_2, l_3 sind, an deren Enden die magnetischen Massen m_1, m_2, m_3 angehäuft und deren Axen parallel den drei Coordinatenaxen sind, im Punkte x, y, z wirklich existiren würden, so wäre die gesammte auf sie in der Richtung der x-Axe wirkende Kraft

$$-X = m_1 \left\{ \begin{matrix} \alpha + \dfrac{d\alpha}{dx}\dfrac{l_1}{2} \\ -\alpha + \dfrac{d\alpha}{dx}\dfrac{l_1}{2} \end{matrix} \right\} + m_2 \left\{ \begin{matrix} \alpha + \dfrac{d\alpha}{dy}\dfrac{l_2}{2} \\ -\alpha + \dfrac{d\alpha}{dy}\dfrac{l_2}{2} \end{matrix} \right\}$$

$$+ m_3 \left\{ \begin{matrix} \alpha + \dfrac{d\alpha}{dz}\dfrac{l_3}{2} \\ -\alpha + \dfrac{d\alpha}{dz}\dfrac{l_3}{2} \end{matrix} \right\} =$$

$$= m_1 l_1 \frac{d\alpha}{dx} + m_2 l_2 \frac{d\alpha}{dy} + m_3 l_3 \frac{d\alpha}{dz}.$$

Substituiren wir hier die Werthe der magnetischen Momente der kleinen Magnete, so erhalten wir:

$$-X = \frac{k-k'}{2k+k'} a^3 \left(\alpha \frac{d\alpha}{dx} + \beta \frac{d\beta}{dx} + \gamma \frac{d\gamma}{dx}\right)$$

$$= \frac{k-k'}{2k+k'} \frac{a^3}{2} \frac{d}{dx} (\alpha^2 + \beta^2 + \gamma^2). \quad 52)$$

Die Kraft, welche auf die Kugel in der Abscissenrichtung wirkt, ist daher dem Differentialquotienten des Quadrates der Intensität $\alpha^2 + \beta^2 + \gamma^2$ proportional, und da dasselbe für die y- und z-Richtung gilt, so erhalten wir das Gesetz, dass die auf diamagnetische Kugeln wirkende Kraft immer von den Stellen grösserer zu denen geringerer Intensität der magnetischen Kraft gerichtet ist und dass sie bei ähnlicher Vertheilung der magnetischen Kraft dem Volumen der Kugel und dem Quadrat der Intensität proportional ist.

Es ist leicht, mit Hülfe von Kugelfunctionen die Werthe des Potentials mit beliebiger Annäherung zu berechnen und so auch die Anziehung zu finden. Wenn sich z. B. ein einziger Nord- oder Südpol von der Stärke M in der Distanz b von einer diamagnetischen Kugel vom Radius a befindet, so ist die Abstossung:

$$R = M^2 (k - k') \frac{a^3}{b^5} \left(\frac{2 \cdot 1}{2k + k'} + \frac{3 \cdot 2}{3k + 2k'} \frac{a^2}{b^2} + \right.$$

$$\left. + \frac{4 \cdot 3}{4k + 3k'} \frac{a^4}{b^4} \text{ etc.} \right)$$

Wenn $\frac{a}{b}$ klein ist, so giebt das erste Glied eine genügende Annäherung. Die Abstossung ist dann dem Quadrate der Polstärke und dem Volumen der Kugel direct, der fünften Potenz des Abstandes des Kugelcentrums von dem punktförmig gedachten Pole aber verkehrt proportional.

D. Zwei Kugeln in einem homogenen Felde.

Zwei festverbundene Kugeln vom Radius a und der Centraldistanz b sollen sich in einem homogenen magnetischen Felde befinden. Obwohl dann jede Kugel für sich an jedem Orte des Feldes im Gleichgewicht wäre, so wird die Störung des Feldes Kräfte erzeugen, welche das System beider Kugeln in eine bestimmte Richtung einzustellen suchen. Wählen wir das Centrum der einen Kugel als Coordinatenursprung, so ist das ungestörte Potential

$$p = Jr\cos\vartheta .$$

Der von jener Kugel hervorgerufene Addend zu diesem Potentiale ist:

$$p' = J\frac{k-k'}{2k+k'}\frac{a^3}{r^2}\cos\vartheta .$$

Das gesammte Potential ist also:

$$J\left(r + \frac{k-k'}{2k+k'}\frac{a^3}{r^2}\right)\cos\vartheta = p$$

$$\frac{dp}{dr} = J\left(1 - 2\frac{k-k'}{2k+k'}\frac{a^3}{r^3}\right)\cos\vartheta$$

$$\frac{1}{r}\frac{dp}{d\vartheta} = -J\left(1 + \frac{k-k'}{2k+k'}\frac{a^3}{r^3}\right)\sin\vartheta, \quad \frac{dp}{d\varphi} = 0$$

$$i^2 = \left(\frac{dp}{dx}\right)^2 + \left(\frac{dp}{dy}\right)^2 + \left(\frac{dp}{dz}\right)^2 =$$

$$= \left(\frac{dp}{dr}\right)^2 + \frac{1}{r^2}\left(\frac{dp}{d\vartheta}\right)^2 + \frac{1}{r^2\sin^2\vartheta}\left(\frac{dp}{d\varphi}\right)^2 =$$

$$= J^2\left[1 + 2\frac{k-k'}{2k+k'}\frac{a^3}{r^3}(1-3\cos^2\vartheta) + \right.$$

$$\left. + \left(\frac{k-k'}{2k+k'}\right)^2\frac{a^6}{r^6}(1+3\cos^2\vartheta)\right].$$

Dies ist der Werth des Quadrats der Intensität an irgend einem Punkte. Das Moment des Kräftepaares, welches das System der beiden Kugeln in die Kraftrichtung des Feldes zu drehen sucht, ist daher:

$$L = \frac{1}{2}\left(\frac{k-k'}{2k+k'}a^3\right)\frac{d(i^2)}{d\vartheta}, \text{ }^{53)}$$

hierin ist noch $r = b$ zu setzen, wodurch sich ergiebt:

$$L = \frac{3}{2} J^2 \left(\frac{k - k'}{2k + k'}\right)^2 \frac{a^6}{b^3} \left(2 - \frac{k - k'}{2k + k'} \frac{a^3}{b^3}\right) \sin 2\vartheta.$$

Dieser Ausdruck, welcher jedenfalls positiv ist, da b nothwendig grösser als a ist, giebt das Moment, welches die Centrilinie der beiden Kugeln in die Kraftrichtung des Feldes zu drehen strebt. Die Kugeln streben, ob sie paramagnetisch oder diamagnetisch sind, ohne jeden Unterschied von Nord und Süd [auf kürzestem Wege] der axialen Richtung zu. Nur wenn die eine Kugel paramagnetisch, die andere diamagnetisch wäre, würde sich ihre Centrilinie äquatorial stellen. Die Grösse der Kraft ist angenähert dem Quadrate von $k - k'$ proportional und daher ganz unmerkbar klein, wenn die Kugeln nicht aus stark magnetisirbarem Materiale bestehen.*)

E. Zwei Kugln zwischen den Polen eines Elektromagnets.

Die früher betrachteten beiden Kugeln sollen sich jetzt nicht in einem homogenen Felde, sondern zwischen einem Nord- und einem Südpole $\pm$ M befinden. Diese beiden Pole sollen auf der x-Axe in der Distanz $2c$ von einander liegen.

Wählen wir den Halbirungspunkt ihrer Verbindungslinie zum Coordinatenursprung, so erhalten wir für das Potential der beiden Pole den Ausdruck

$$p = M\left(\frac{1}{\sqrt{c^2 + r^2 - 2cr\cos\vartheta}} - \frac{1}{\sqrt{c^2 + r^2 + 2cr\cos\vartheta}}\right).$$

Hieraus ergiebt sich für das Quadrat der Feldintensität [angenähert]:

$$J^2 = \frac{4M^2}{c^4}\left(1 - 3\frac{r^2}{c^2} + 9\frac{r^2}{c^2}\cos^2\vartheta\right),$$

daher

$$J\frac{dJ}{d\vartheta} = -18\frac{M^2}{c^6} r^2 \sin 2\vartheta.$$

Das Moment, welches die Kugeln, deren Radius a und

---

*) Siehe Professor *Thomson*, Citat S. 75.

deren Centraldistanz $2b$ sei, in der Richtung, in welcher ϑ wächst, zu drehen sucht, ist:

$$-36 \frac{k - k'}{2k + k'} \frac{M^2 a^3 b^2}{c^6} \sin 2\vartheta.$$

Diese Kraft, welche die Centrilinie für diamagnetische Körper äquatorial, für paramagnetische axial zu stellen sucht, ist dem Quadrate der Polstärke, der dritten Potenz der Kugelradien und dem Quadrate ihrer Centraldistanz direct, dagegen der sechsten Potenz der Entfernung der punktförmig gedachten Pole verkehrt proportional. So lange diese Pole einander nahe sind, ist diese Wirkung der Pole weit stärker, als die Wechselwirkung der Kugeln, so dass man als allgemeine Regel annehmen kann, dass sich lang gestreckte Körper zwischen den Polen eines Magnets axial oder äquatorial stellen, je nachdem sie paramagnetisch oder diamagnetisch sind. Würde man aber einen langgestreckten Körper anstatt zwischen zwei ziemlich nahen Polen in ein vollkommen homogenes Feld, wie das durch den Erdmagnetismus oder das im Innern eines kugelförmigen Elektromagneten (siehe Beispiel H) erzeugte bringen, so würde er sich in beiden Fällen axial stellen.

In allen diesen Fällen hängen die Phänomene von der Differenz $k - k'$ ab, so dass der Körper sich magnetisch oder diamagnetisch verhält, je nachdem er mehr oder weniger magnetisch oder auch weniger oder mehr diamagnetisch ist, als das umgebende Medium.

F. Ueber das magnetische Verhalten einer Kugel, welche aus einer Substanz geschnitten ist, deren Widerstandscoefficient in verschiedenen Richtungen verschieden ist.

Die Axen des magnetischen Widerstandes sollen an allen Stellen der Kugel die gleiche Richtung haben und als Coordinatenaxen gewählt werden. k_1, k_2, k_3 seien die Widerstandscoefficienten in diesen drei Richtungen, k' der im umgebenden Medium und a der Radius der Kugel. J sei die ungestörte magnetische Feldintensität, l, m, n die Richtungscosinusse derselben.

Betrachten wir zunächst den Fall einer homogenen Kugel mit dem Widerstandsfactor k_1, welche in ein homogenes Feld gebracht sei, das die Richtung der Abscissenaxe und die Feldintensität lJ hat; dann wäre das gesammte Potential ausserhalb der Kugel:

$$p' = lJ\left(1 + \frac{k_1 - k'}{2k_1 + k'}\frac{a^3}{r^3}\right)x, ^{*})$$

innerhalb derselben aber

$$p_1 = lJ\frac{3k_1}{2k_1 + k'}x,$$

so dass im Innern der Kugel die Magnetisirung überall die Richtung der Abscissenaxe hat. Dieselbe ist also vollkommen unabhängig von dem Werthe der Widerstandscoefficienten in der y- und z-Richtung, welche ohne Störung der Vertheilung des Magnetismus anstatt k_1 die Werthe k_2 und k_3 haben können. Wir können daher die durch jede der drei Componenten der gesammten Feldintensität J hervorgebrachte Magnetisirung so berechnen, als ob die Kugel homogen wäre; nur muss für jede der drei Componenten der Feldintensität dem k ein anderer Werth ertheilt werden. Wir finden auf diese Weise für äussere Punkte:

$$p' = J\left\{lx + my + nz + \left(\frac{k_1 - k'}{2k_1 + k'}lx + \right.\right.$$

$$\left.\left. + \frac{k_2 + k'}{2k_2 + k'}my + \frac{k_3 - k'}{2k_3 + k'}nz\right)\frac{a^3}{r^3}\right\},$$

und für innere Punkte

$$p' = J\left(\frac{3k_1}{2k_1 + k'}lx + \frac{3k_2}{2k_2 + k'}my + \frac{3k_3}{2k_3 + k'}nz\right).$$

Der äussere Effect ist derselbe, als ob im Coordinatenursprunge drei sehr kurze Magnete angebracht wären, deren magnetische Axen die Richtung der Coordinatenaxen haben und deren magnetische Momente gleich:

$$\frac{k_1 - k'}{2k_1 + k'}lJa^3, \quad \frac{k_2 - k'}{2k_2 + k'}mJa^3, \quad \frac{k_3 - k'}{2k_3 + k'}nJa^3$$

sind. Das magnetische Moment, welches die Kugel um die x-Axe zu drehen sucht, wird gefunden, indem man die Momente sucht, mit welchen die drei Componenten der gesammten Feldstärke J die drei äquivalenten Magnete zu drehen suchen.

*) [Definirt man das Potential, wie in Anm. 50, so wirkt lJ auf den Nordpol in der negativen Abscissenrichtung.]

Das Kräftemoment, welches die y-Componente von J auf den dritten Magnet ausübt, ist:

$$\frac{k_3 - k'}{2k_3 + k'} mnJ^2 a^3,$$

und das der z-Componente auf den zweiten Magnet ist;

$$-\frac{k_2 - k'}{2k_2 + k'} mnJ^2 a^3.$$

Das gesammte Kräftemoment also, welches die Kugel um die x-Axe von der positiven y- gegen die positive z-Axe zu drehen sucht, ist die Summe dieser beiden Grössen, also gleich

$$\frac{3k'(k_3 - k_2)}{(2k_3 + k')(2k_2 + k')} mnJ^2 a^3.$$

Wenn die Kugel so aufgehängt ist, dass die x-Axe vertikal ist, wenn ferner J horizontal ist und mit der positiven y-Richtung den Winkel ϑ [gegen die negative z-Richtung hin gezählt] bildet, so ist $m = \cos\vartheta$, $n = -\sin\vartheta$, und das Drehungsmoment, welches die Kugel sammt den Coordinatenaxen so zu drehen sucht, dass der Winkel ϑ zunimmt, wird gleich:

$$\frac{3}{2} \frac{k'(k_2 - k_3)}{(2k_2 + k')(2k_3 + k')} I^2 a^3 \sin 2\vartheta.$$

Die Axe des kleinsten Widerstandes [der grössten Magnetisirungszahl] stellt sich daher auf kürzestem Wege axial, gleichgültig, welches Ende der Nordrichtung näher sein mag. Da in allen Körpern mit Ausnahme des Eisens [Kobalts und Nickels], die Werthe von k nahezu dieselben als im Vacuum sind, so wird der Coefficient in dem letzten Ausdrucke nur sehr wenig verändert, wenn man daselbst alle Werthe von k untereinander gleichsetzt mit Ausnahme der in der Differenz $k_2 - k_3$ erscheinenden. Dadurch erhält man unabhängig von dem äussern Medium den Werth:

$$\frac{1}{6} \frac{k_2 - k_3}{k} J^2 a^3 \sin 2\vartheta.\text{*)}$$

*) Wenn wir den allgemeinen Fall der magnetischen Induction, welcher in Artikel 28 behandelt wurde, betrachten, so geht in dem Ausdruck für das Moment der magnetischen Kräfte ausser den Gliedern, welche die Sinus und Cosinus von ϑ enthalten, noch ein

G. Permanenter Magnetismus in einer Kugelschale.

Der Fall einer homogenen Kugelschale aus einer diamagnetischen oder paramagnetischen Substanz bereitet keinerlei Schwierigkeit. Die Intensität innerhalb der Schale ist geringer, als sie ohne Anwesenheit der Schale wäre, sowohl wenn die Substanz der Schale paramagnetisch, als auch wenn sie diamagnetisch ist. Sowohl wenn der Widerstand innerhalb der Kugelschale unendlich gross, als auch wenn er Null ist, wird die Intensität innerhalb derselben gleich Null.[54])

Wenn der Widerstand in der Substanz der Kugelschale Null ist, so kann die gesammte Wirkung der Schale auf irgend einen innern oder äussern Punkt gefunden werden, wenn man sich die Kugelfläche mit magnetischer Materie belegt denkt, deren Flächendichte durch die Gleichung gegeben ist

$$\varrho = 3\,J \cos\vartheta.\text{ }^{55)}$$

Wenn nun die Kugelschale in einen permanenten Magnet verwandelt wird, so dass die Vertheilung des Magnetismus auf derselben unveränderlich wird, so ist das äussere Potential dieser Vertheilung

$$p' = -J\frac{a^3}{r^2}\cos\vartheta,$$

das innere aber

$$p_1 = -Jr\cos\vartheta.$$

Wir wollen jetzt den Effect untersuchen, welcher entstünde, wenn man das Innere der Kugelschale mit irgend einer Substanz von dem Widerstandscoefficienten k erfüllen würde, während der Widerstandscoefficient des äusseren Mediums k' sei. Die Dicke der magnetisirten Kugelschale soll vernachlässigt werden. Das magnetische Moment des permanenten Magnetismus ist Ja^3 und das der durch das Medium

---

von T abhängiges Glied ein. Dieses bewirkt, dass durch jede vollständige Umdrehung um die Axe von T in der negativen Richtung eine gewisse positive Arbeit gewonnen wird. Da aber keine unerschöpfliche Arbeitsquelle in der Natur existiren kann, so müssen wir annehmen, dass bezüglich der magnetischen Wirkungen in allen Substanzen T gleich Null ist. Dieses Argument ist im Falle der elektrischen Leitung oder in dem eines Körpers, durch welchen Wärme oder Elektricität strömt, nicht stichhaltig, da solche Zustände nur durch fortwährenden Arbeitsaufwand unterhalten werden können. Siehe Prof. *Thomson*, Phil. Mag. March 1851. p. 186. (Vgl. Citat S. 75.)

bewirkten Oberflächenbelegung sei Aa^3. Dann ist das äussere, resp. innere Potential $p' = -(J+A)\frac{a^3}{r^2}\cos\vartheta$, respective $p_1 = -(J+A)\,r\cos\vartheta$. Die Vertheilung des wahren Magnetismus ist vor und nach der Einführung des Mediums mit dem Widerstandscoefficienten k dieselbe, so dass man hat:

$$\frac{1}{k'}J + \frac{2}{k'}J = \frac{1}{k}(J+A) + \frac{2}{k'}(J+A)$$

oder

$$A = \frac{k-k'}{2k+k'}J.$$ [56]

Der äussere Effect der magnetisirten Kugelschale wird vermehrt oder vermindert, je nachdem k grösser oder kleiner als k' ist. Er wird also vermehrt, wenn man die Kugel mit einer diamagnetischen Substanz, vermindert, wenn man sie mit einer paramagnetischen Substanz, wie Eisen erfüllt.

H. Elektromagnetische Wirkung einer Kugelschale.

Als Beispiel der magnetischen Wirkungen elektrischer Ströme wollen wir einen Elektromagnet behandeln, dessen Bewicklung den Raum innerhalb einer dünnen Kugelschale erfüllt. Der Radius derselben sei a, seine Dicke t und die Wirkung des Elektromagnets nach aussen sei gleich der eines Magnetes vom magnetischen Momente Ja^3. Sowohl innerhalb als auch ausserhalb der Kugelschale werden die magnetischen Kräfte ein Potential haben, nicht aber innerhalb der Substanz der Kugelschale, wo elektrische Ströme fliessen. Seien p' und p_1 das innere und äussere Potential, so ist wie früher

$$p' = J\frac{a^3}{r^2}\cos\vartheta,\quad p_1 = Ar\cos\vartheta.$$

Da kein permanenter Magnetismus vorhanden ist, so muss $\frac{dp'}{dr} = \frac{dp_1}{dr}$, für $r = a$ sein, woraus folgt:

$$A = -2J.$$

Wenn wir irgend eine geschlossene Curve zeichnen, welche die Kugelschale im Aequator und in einem zweiten Punkte schneidet, für welchen ϑ bekannt ist, so ist die gesammte magnetische Intensität längs dieser Curve gleich $3Ja\cos\vartheta$,[57]) und da dies das Maass des gesammten elektrischen Stromes ist, welcher durch die Curve fliesst, so ergiebt sich die Quantität des elektrischen Stromes in irgend einem Punkte durch Differentiation. Die Quantität, welche durch das Flächenelement $a t d\vartheta$ fliesst, ist also: $-3Ja\sin\vartheta d\vartheta$, so dass die Quantität des Stromes, bezogen auf die Flächeneinheit, gleich:

$$j = -\frac{3J}{t}\sin\vartheta$$

ist.

Wenn die Kugelschale durch einen Draht gebildet wird, welcher rund um die betreffende Kugel so gewickelt ist, dass die auf die Längeneinheit entfallende Windungszahl dem Sinus von ϑ proportional ist, so wird die Wirkung angenähert dieselbe sein, als ob die Kugel von einer gleichförmig leitenden Substanz gebildet wäre und die Ströme nach dem soeben angegebenen Gesetze vertheilt würden.

Wenn ein Draht, welcher einen Strom von der Intensität I_2 leitet, auf eine Kugel vom Radius a so aufgewickelt wird, dass die Distanz zwischen den Projectionen zweier benachbarter Windungen auf die Abscissenaxe gleich $\frac{2a}{n}$ ist, so ist die Wirkung dieselbe, als ob n Windungslagen vorhanden wären, und der Werth von J für den resultirenden Elektromagnet ist:

$$J = \frac{n}{6a} J_2 .$$

Das innere und äussere Potential ist

$$p' = J_2 \frac{n}{6} \frac{a^2}{r^2} \cos\vartheta, \text{ resp. } p_1 = -2J_2 \frac{n}{6} \frac{r}{a} \cos\vartheta .$$

Das Innere der Kugel ist daher ein homogenes Magnetfeld [für welches $\frac{dp_1}{dx} = -\frac{nJ_2}{3a}$ ist].

I. Wirkung des Eisenkerns des Elektromagnets.

Setzen wir nun voraus, dass das Innere der eben betrachteten mit Strom führendem Draht umwundenen Kugel mit diamagnetischer oder paramagnetischer Materie vom Widerstandscoefficienten k erfüllt werde, während derselbe aussen gleich k' sei. Das Resultat kann nach den im soeben betrachteten Falle angewandten Methoden gefunden werden. Man erhält für die Potentiale:

$$p' = J_2 \frac{n}{6} \frac{3k'}{2k + k'} \frac{a^2}{r^2} \cos \vartheta$$

$$p_1 = -2J_2 \frac{n}{6} \frac{3k}{2k + k'} \frac{r}{a} \cos \vartheta. \text{ 58)}$$

Die Wirkung nach aussen ist grösser oder kleiner als im vorigen Falle, je nachdem k' grösser oder kleiner als k ist, d. h. je nachdem das innere Medium paramagnetisch oder diamagnetisch bezüglich des äusseren ist. Die Wirkung auf einen innern Punkt ändert sich im entgegengesetzten Sinne, so dass sie für ein diamagnetisches Medium am grössten ist.

Diese Untersuchung erklärt die Wirkung des Eisenkerns in einem Elektromagnet. Wenn k im Eisenkern mathematisch unendlich klein wäre, so wäre die Wirkung des Elektromagnets mit Eisenkern dreimal so gross, als die ohne Eisenkern. Da aber k immer einen endlichen Werth hat, so kann die Wirkung des Eisenkerns diesen Betrag niemals vollständig erreichen.

Im Innern des Elektromagnets haben wir ein homogenes magnetisches Feld, dessen Intensität vermehrt würde, wenn wir die Windungsfläche aussen mit einer Schale von Eisen umhüllen würden. Wenn k' gleich Null und jene Schale unendlich dick wäre, so würde die Wirkung auf die innern Punkte verdreifacht.

Noch grösser ist die Wirkung des Eisenkerns im Fall eines cylindrischen Magnets und am grössten, wenn der Kern aus einem Ringe von weichem Eisen besteht.

K. Elektrotonische Functionen in einem kugelförmigen Elektromagnet.

Wir wollen nun die elektrotonischen Functionen für den Fall eines kugelförmigen Elektromagnets aufsuchen.

Dieselben werden jedenfalls die Form haben:

$$\alpha_0 = 0, \ \beta_0 = \omega z, \ \gamma_0 = -\omega y,$$

wobei ω eine Function von r ist. Wo keine elektrischen Ströme vorhanden sind, müssen die drei Grössen a_2, b_2, c_2

sämmtlich verschwinden, woraus man leicht die Gleichung ableitet:

$$\frac{d}{dr}\left(3\omega + r\frac{d\omega}{dr}\right) = 0\,,\ ^{59})$$

welche liefert:

$$\omega = C_1 + \frac{C_2}{r^3}.$$

Innerhalb der Kugel kann ω nicht unendlich werden, daselbst gilt also die Lösung:

$$\omega = C_1\,,$$

wogegen ausserhalb a in unendlicher Entfernung verschwinden muss, so dass man ausserhalb hat

$$\omega = \frac{C_2}{r^3}.$$

Wir fanden im letzten Artikel für die magnetische Quantität innerhalb der Kugel den Werth:

$$-2J_2\frac{n}{6a}\frac{3}{2k+k'} = a_1 = \frac{d\beta_0}{dz} - \frac{d\gamma_0}{dy} = 2C_1\,,$$

daher ist daselbst:

$$\omega_0 = -\frac{J_2 n}{2a}\frac{1}{2k+k'}\,,$$

ausserhalb der Kugel muss ω so bestimmt werden, dass der Werth an der Oberfläche mit dem für das Innere geltenden Werthe zusammenfällt. Daher ist ausserhalb der Kugel:

$$\omega = -\frac{J_2 n}{2a}\frac{1}{2k+k'}\frac{a^3}{r^3}.$$

Dabei ist vorausgesetzt, dass die Kugelschale n Drahtwindungen enthält, welche einen Strom von der Stärke J_2 leiten. Wenn noch ein zweiter Draht in n' Windungen nach demselben Gesetze um die Kugel gewunden wird, so ist die gesammte elektrotonische Intensität EJ_2 längs der zweiten Windungslage gleich dem über die ganze Länge des Drahtes erstreckten Integrale. Es ist also:

$$EJ_2 = \int_0^{2\pi} \omega a \sin\vartheta\, ds.$$

Die Gleichung [der Mittellinie] des [Secundär-]Drahtes ist:

$$\cos\vartheta = \frac{\varphi}{n'\pi},$$

wo n' eine grosse Zahl ist. Daraus folgt für das Längenelement des Drahtes

$$ds = a\sin\vartheta d\varphi$$
$$= -an'\pi\sin^2\vartheta d\vartheta, ^{60)}$$

woraus sich ergiebt:

$$EJ_2 = \frac{4\pi}{3}\omega a^2 n' = -\frac{2\pi}{3} ann' J_2 \frac{1}{2k+k'}.$$

E soll der elektrotonische Coefficient des betreffenden Drahtes heissen.

L. Inductionsapparat, dessen primäre und secundäre Spule auf ein und dieselbe Kugelfläche aufgewunden sind.

Wir haben nun die elektrotonische Function gefunden, welche die Wirkung der einen Windungslage auf die andere bestimmt. Die Wirkung jeder Windungslage auf sich selbst wird gefunden, indem man n^2 oder n'^2 an Stelle von nn' setzt. Es sei nun die erste Windungslage mit einer Vorrichtung verbunden, welche darin eine veränderliche elektromotorische Kraft F erzeugt. Wir wollen die Wirkung auf beide Windungslagen untersuchen, und bezeichnen dabei mit J und J' die Quantitäten [Gesammtintensitäten] der Ströme, welche in der einen und andern Windungslage fliessen, mit R und R' die gesammten Widerstände, welche jeder dieser Ströme zu überwinden hat.

Schreiben wir noch N an Stelle von

$$\frac{2\pi}{3}\frac{a}{(2k+k')},$$

so ist die elektromotorische Kraft des ersten Drahtes auf den zweiten

$$-Nnn'\frac{dJ}{dt},$$

die des zweiten auf sich selbst

$$-Nn'^2\frac{dJ'}{dt}.$$

Für den zweiten Draht erhalten wir daher die Gleichung:

$$1)\quad -Nnn'\frac{dJ}{dt}-Nn'^2\frac{dJ'}{dt}=R'J'\ldots$$

Ebenso findet man für den ersten Draht:

$$2)\quad -Nn^2\frac{dJ}{dt}-Nnn'\frac{dJ'}{dt}+F=RJ\ldots$$

Wenn wir die Differentialquotienten eliminiren, erhalten wir:

$$\frac{R}{n}J-\frac{R'}{n'}J'=\frac{F}{n},$$

weiter folgt:

$$3)\quad N\left(\frac{n^2}{R}+\frac{n'^2}{R'}\right)\frac{dJ}{dt}+J=\frac{F}{R}+\frac{N}{R}\frac{n'^2}{R'}\frac{dF}{dt},$$

woraus J und J' gefunden werden können, wenn F als Function von t gegeben ist.

Betrachten wir zunächst den Fall, wo F constant und zu Anfang der Zeit $J=J'=0$ ist. Dies tritt bei einem Inductionsapparate in dem Momente ein, wo der Primärstrom geschlossen wird.

Schreiben wir $\frac{1}{2}\tau$ für $N\left(\frac{n^2}{R}+\frac{n'^2}{R'}\right)$, so ergiebt sich:

$$J=\frac{F}{R}\left(1-\varepsilon^{-\frac{2t}{\tau}}\right)$$

$$J'=-\frac{Fn'}{R'n}\varepsilon^{-\frac{2t}{\tau}}.$$

[ε ist die Basis der natürlichen Logarithmen.]

Der Primärstrom wächst rapid von Null bis zur Intensität $\frac{F}{R}$, der secundäre beginnt mit der Intensität $-\frac{F}{R'}\frac{n'}{n}$ und verschwindet rasch, da τ meist sehr klein ist.

Die gesammte Arbeit, welche der erstere Strom, sei es durch Erwärmung des Stromkreises oder in irgend welcher anderen Weise leistet, ist durch das Integral gegeben:

$$\int_0^\infty J^2 R\,dt.$$

Die gesammte Quantität des Stromes ist:

$$\int_0^\infty J\,dt.$$

Für den secundären Strom sind dieselben Grössen gleich:

$$\int_0^\infty J'^2 R'\,dt = \frac{F^2 n'^2 \tau}{4R'n^2}$$

$$\int_0^\infty J'\,dt = \frac{Fn'\tau}{2R'n}.$$

Die geleistete Arbeit und die Quantität des Stromes sind also dieselben, als ob ein Strom von der Quantität $J' = \frac{Fn'}{2R'n}$ durch eine Zeit τ den Draht mit unveränderlicher Intensität durchflossen hätte, wobei

$$\tau = 2N\left(\frac{n^2}{R} + \frac{n'^2}{R}\right).$$

Diese Methode, einen Inductionsstrom durch einen constanten Strom von sehr kurzer Dauer zu ersetzen, stammt von *Weber*, nach dessen experimentellen Methoden der äquivalente Strom ausserordentlich genau bestimmt werden kann. Nun soll die elektromotorische Kraft F plötzlich verschwinden, während der primäre Strom [im Momente ihres Verschwindens, $t = 0$] die Intensität J_0, der secundäre aber die Intensität Null hat. Dann haben wir für posite t

$$J = J_0\,\varepsilon^{-\frac{2t}{\tau}},\quad J' = \frac{J_0}{R'}\,\frac{Rn'}{n}\,\varepsilon^{-\frac{2t}{\tau}}.$$

Die äquivalenten Ströme sind $\frac{1}{2} J_0$ und $\frac{1}{2} J_0 \frac{R}{R'} \frac{n'}{n}$; ihre Dauer ist τ.

Der wirkliche Vorgang bei Unterbrechung der Verbindung mit der Stromquelle wird durch die Annahme eines raschen Anwachsens von R genauer dargestellt, als durch die eines momentanen Verschwindens von F. Von dem Gesetze dieses Anwachsens ist der Werth von τ abhängig, so dass, wenn R sehr rasch wächst, die Intensität des Inductionsstromes wächst, seine Dauer aber abnimmt. Dies wird bei den gewöhnlichen Inductionsmaschinen angestrebt. Die Grösse N hängt von der Construction des Inductionsapparates ab und kann jedesmal experimentell bestimmt werden.[61])

M. Eine leitende Kugelschale rotirt in einem Magnetfelde.

Betrachten wir schliesslich den Fall einer leitenden Kugelschale, welche in einem homogenen Magnetfelde rotirt. Die hierbei auftretenden Erscheinungen sind von *Faraday* in der zweiten Serie seiner Experimentaluntersuchungen beobachtet worden, und es wird dort auch auf frühere einschlägige Experimente hingewiesen.

Die Drehungsaxe sei die z-Axe, die Winkelgeschwindigkeit sei ω. Die Feldstärke sei J, die Richtung der magnetischen Kraft liege in dem von den positiven Coordinatenrichtungen gebildeten Quadranten der xz-Ebene unter dem Winkel ϑ gegen die z-Axe geneigt. R sei der Radius, T die Dicke der Kugelschale.

Es seien $\alpha_0, \beta_0, \gamma_0$ die elektrotonischen Functionen im Punkte x, y, z des Raumes; $a_1, b_1, c_1, \alpha_1, \beta_1, \gamma_1$ die Componenten der magnetischen Quantität und Intensität; $a_2, b_2, c_2, \alpha_2, \beta_2, \gamma_2$ die der elektrischen Quantität und Intensität [k der specifische Widerstand], endlich p_2 die elektrische Spannung. Dann ist:

$$\left.\begin{aligned} \alpha_2 &= \frac{dp_2}{dx} + k a_2 \\ \beta_2 &= \frac{dp_2}{dy} + k b_2 \\ \gamma_2 &= \frac{dp_2}{dz} + k c_2 \end{aligned}\right\} \ldots\ldots\ 1)\ ^{62)}$$

$$\frac{da_2}{dx} + \frac{db_2}{dy} + \frac{dc_2}{dz} = 0 \ldots\ldots\ 2)$$

$$\frac{d\alpha_2}{dx} + \frac{d\beta_2}{dy} + \frac{d\gamma_2}{dz} = \nabla^2 p_2.$$

Die von dem Magnetismus des Feldes herrührenden Werthe von $\alpha_0, \beta_0, \gamma_0$ sind:

$$\alpha_0 = A_0 + \frac{J}{2} y \cos\vartheta,$$

$$\beta_0 = B_0 + \frac{J}{2}(z \sin\vartheta - x \cos\vartheta)$$

$$\gamma_0 = C_0 - \frac{J}{2} y \sin\vartheta. \quad {}^{63)}$$

A_0, B_0, C_0 sind Constanten. Die Geschwindigkeiten eines Punktes der rotirenden Kugel sind:

$$\frac{dx}{dt} = -\omega y, \frac{dy}{dt} = \omega x, \frac{dz}{dt} = 0.$$

Wir erhalten demnach für die elektromotorischen Kräfte [nach der letzten in Theorem VII entwickelten Formel]:

$$\alpha_2 = -\frac{1}{4\pi}\frac{d\alpha_0}{dt} = -\frac{\omega x J}{8\pi}\cos\vartheta$$

$$\beta_2 = -\frac{1}{4\pi}\frac{d\beta_0}{dt} = -\frac{\omega y J}{8\pi}\cos\vartheta$$

$$\gamma_2 = -\frac{1}{4\pi}\frac{d\gamma_0}{dt} = \frac{\omega x J}{8\pi}\sin\vartheta.$$

Mit Berücksichtigung der Gleichungen 1) erhalten wir:

$$k\left(\frac{db_2}{dz} - \frac{dc_2}{dy}\right) = \frac{d\beta_2}{dz} - \frac{d\gamma_2}{dy} = 0$$

$$k\left(\frac{dc_2}{dx} - \frac{da_2}{dz}\right) = \frac{d\gamma_2}{dx} - \frac{d\alpha_2}{dz} = \frac{J\omega}{8\pi}\sin\vartheta$$

$$k\left(\frac{da_2}{dy} - \frac{db_2}{dx}\right) = \frac{d\alpha_2}{dy} - \frac{d\beta_2}{dx} = 0.$$

Daraus folgt weiter unter Zuziehung der Gleichungen 2:[64])

$$a_2 = -\frac{J\omega z}{16\pi k}\sin\vartheta$$

$$b_2 = 0$$

$$c_2 = \frac{J\omega x}{16\pi k}\sin\vartheta$$

$$p_2 = \frac{J\omega}{16\pi}\left[xz \sin\vartheta - (x^2 + y^2)\cos\vartheta\right].$$

Diese Ausdrücke würden die Bewegung der Elektricität in einer rotirenden Kugel vollständig bestimmen, wenn wir die Wirkung der in der Kugel fliessenden Ströme auf sich selbst vernachlässigen. Sie stellen ein System von Strömen dar, welche in Kreisen fliessen, deren Ebene senkrecht zur y-Axe ist; die Quantität des Stromes in irgend einem Punkt ist der Distanz von dieser Axe proportional. Der äussere magnetische Effect ist der eines kleinen Magnets vom magnetischen Momente

$$\frac{TR^4}{48\pi k}\,\omega J \sin\vartheta, \quad ^{65})$$

dessen magnetische Axe die Richtung der y-Axe hat, so dass der Magnetismus des Feldes ihn in die Richtung der Abscissenaxe zurückzudrehen suchen würde.*)

Die Existenz dieser Ströme wird aber die Vertheilung der elektrotonischen Functionen verändern, so dass die Ströme auf sich selbst zurückwirken. Wir wollen annehmen, dass das schliessliche Resultat dieser Rückwirkung ein System von Strömen sei, deren Ebene senkrecht auf einer Axe stehe, welche in der xy-Ebene liegt und mit der Abscissenaxe den Winkel φ bildet. Diese Ströme sollen einen äussern Effect hervorbringen, welcher dem eines Magnets vom Momente $J'R^3$ gleichkommt.

Die magnetischen inducirenden Componenten nach den drei Coordinatenrichtungen sind im Innern der Kugelschale:

$$\begin{aligned} &J\sin\vartheta - 2J'\cos\varphi \\ &\qquad\quad\; - 2J'\sin\varphi \\ &J\cos\vartheta. \quad ^{66}) \end{aligned}$$

Jede dieser drei Componenten würde ihr eigenes System von Strömen in der rotirenden Kugel erzeugen und diese würden neue Vertheilungen von Magnetismus hervorrufen, welche, sobald die Geschwindigkeit gleichförmig ist, mit der ursprünglichen Vertheilung identisch sein müssen. Es ruft hervor: die Componente

$$J\sin\vartheta - 2J'\cos\varphi \text{ in der } x\text{-Richtung,}$$

*) Der Ausdruck für p_2 zeigt eine veränderliche elektrische Spannung in der Kugelschale an, so dass durch einen Draht, welcher sie am Aequator und an einem Pole berührt, elektrische Ströme fliessen würden.

die magnetische Kraft

$$2\,\frac{TR}{48\pi k}\,\omega\,(J\sin\vartheta - 2J'\cos\varphi) \text{ in der } y\text{-Richtung,}$$

die Componente

$$(-2J'\sin\varphi) \text{ in der } y\text{-Richtung,}$$

die magnetische Kraft

$$2\,\frac{TR}{48\pi k}\,\omega\,(2J'\sin\varphi) \text{ in der } x\text{-Richtung,}$$

wogegen die Componente $J\cos\vartheta$ in der z-Richtung keine Ströme inducirt. Wir müssen daher, da der Zustand in der Kugelschale sich fortwährend gleich bleiben muss, die folgenden Gleichungen haben:

$$J_1\sin\vartheta - 2J'\cos\varphi = J\sin\vartheta + \frac{TR}{24\pi k}\,\omega\,2J'\sin\varphi$$

$$-2J'\sin\varphi = \frac{TR}{24\pi k}\,\omega\,(J\sin\vartheta - 2J'\cos\varphi),$$

woraus folgt:

$$\operatorname{cotg}\varphi = -\frac{TR}{24\pi k}\,\omega,$$

$$J' = \frac{1}{2}\,\frac{\frac{TR}{24\pi k}\,\omega}{\left(\sqrt{1+\left(\frac{TR}{24\pi k}\,\omega\right)^2}\right.}\,J\sin\vartheta.$$

Um die Bedeutung dieser Ausdrücke zu verstehen, wollen wir einen speciellen Fall betrachten. Die Drehungsaxe der rotirenden Kugelschale sei vertical [sie befinde sich irgendwo in Europa oder an einem andern Orte der nördlichen Hemisphäre] und die Umdrehung geschehe von Nord nach West.[67]) J sei die Totalintensität des Erdmagnetismus, ϑ sei die Inclination, so dass $J\cos\vartheta$ die Horizontalcomponente des Erdmagnetismus ist. Die Richtung derselben ist die magnetische Nordrichtung. Das Resultat der Rotation ist die Erzeugung von Strömen in der Kugelschale, deren Ebenen senkrecht auf einer Axe stehen, welche den kleinen Winkel

$$\operatorname{arc\,tang}\frac{TR}{24\pi k}\,\omega$$

mit der Westrichtung gegen Süden hin bildet. Der äussere Effect dieser Ströme ist derselbe, wie der eines Magnets vom magnetischen Momente

$$\frac{1}{2}\,\frac{T\omega R^4 J\cos\vartheta}{\sqrt{(24\pi k)^2+T^2R^2\omega^2}}.$$

Das Moment des Kräftepaares, mit welchem der Erdmagnetismus der Rotation entgegenwirkt, ist:

$$\frac{24\pi k}{2}\,\frac{T\omega R^4 J^2\cos^2\vartheta}{(24\pi k)^2+T^2R^2\omega^2}.$$

Die auf Ueberwindung der von diesem Kräftepaare herrührenden Gegenkraft in der Zeiteinheit verbrauchte Arbeit ist:

$$\frac{24\pi k}{2}\,\frac{T\omega^2 R^4 J^2\cos^2\vartheta}{(24\pi k)^2+T^2R^2\omega^2}.$$

Diese aufgewandte Arbeit kommt in der Substanz der Kugelschale in Form von Wärme zum Vorschein, wie neuerdings *Foucault* experimentell nachgewiesen hat. (Siehe Comptes Rendus XLI p. 450. 1855.)

Anmerkungen.

Mit 2 Textfiguren.

Die Bemerkungen in meiner Grazer Rectorsrede über den Stil *Maxwell*'s, die gewiss keinen Zweifel über meine Werthschätzung des rein Sprachlichen aufkommen lassen, kamen mir bei vorliegender Uebersetzung sofort wieder in den Sinn. Wer ginge leichten Herzens an die Uebersetzung von *Maxwell*'s origineller, für den Kenner so interessanter, aber für den Anfänger so schwieriger Sprache, dass sie einerseits als unerreichtes Muster knapper und scharfsinniger Darstellung gepriesen, andererseits als zu schwer verständlich getadelt wurde?

Es giebt 3 Methoden der Uebersetzung: 1. man übersetzt wortgetreu; dann ist jede Fälschung oder Modification des Originals ausgeschlossen; aber die Uebersetzung wird nothwendig undeutsch. 2. Man liest das Original und sucht dann möglichst dieselben Gedanken mit eigenen Worten wiederzugeben. Dann tritt an Stelle des Originals nothwendig etwas anderes, aber, wenn der Uebersetzer die Fähigkeit besitzt, wieder etwas wirklich Gutes. 3. Man hält sich soweit ans Original, dass die Abweichungen unwesentlich scheinen und die Uebersetzung correct deutsch klingt, also dem Leser gut zu sein scheint. Diese dritte Methode passt allein für das Publicum und wurde daher auch hier eingeschlagen.

Nicht geringe Schwierigkeit bot die Uebersetzung der Terminologie. *Maxwell* schliesst sich hier ganz der *Faraday*schen Terminologie an, welche heute nicht mehr üblich ist, und von *Maxwell* selbst in seinen spätern Schriften vielfach verlassen wurde. Trotzdem suchte ich dieselbe möglichst beizubehalten, da manche Ideen der Abhandlung unzertrennlich damit verknüpft sind, wie der Parallelismus zwischen Elektricität und Magnetismus mit den Bezeichnungen Quantität und Intensität des elektrischen Stromes und des Magnetismus.

Obwohl wir heute unter Stromintensität etc. etwas ganz anderes verstehen, so konnten diese Bezeichnungen nicht aufgegeben werden, ohne das Verständniss der Ideen *Maxwell's* zu erschweren. Ich habe da, so oft es anging, die heute üblichen Bezeichnungen in eckigen Klammern beigefügt und, wo es erforderlich schien, in den Anmerkungen weitere Aufklärung gegeben. Meine Uebersetzungen der rein englischen Termini technici wie »Stromröhren«, »Einheitsröhren«, »Einheitszellen«, »mitgetheilte« und »wirksame« Kraft für impressed und effective force, »Vernichtungsstelle« für sink etc. wird man hoffentlich nicht ganz unglücklich gewählt finden. Nur wenige neue Bezeichnungen, welche mir das Verständniss entschieden zu fördern schienen, erlaubte ich mir einzuführen, so Quelle (die positiv und negativ sein kann) neben der (notwendig positiven) Entstehungsstelle (beides für source, Artikel 7), ferner Quelle von der Intensität S (Artikel 7 und 18). Ferner bezeichnet *Maxwell* anfangs (Artikel 18, 21, 26, 27, 28, 29 etc.) die Grösse k als den Widerstand, oft aber (in Artikel 22, in Beispiel B, F etc.) als Widerstandscoefficienten, während er in Artikel 31 letzteren Namen einer ganz anderen Grösse R beilegt. Diese Verwendung desselben Wortes in verschiedenem Sinne dürfte dem Leser kaum bequem sein. Ich habe daher schon von Anfang an (Artikel 10) die Grösse k als den Widerstandscoefficienten, R aber als den »Totalwiderstandscoefficienten« bezeichnet.

Die Eintheilung der *Maxwell*'schen Abhandlung ist zwar für den Leser ganz bequem, doch befremdet es, plötzlich einen II. Theil ohne vorhergegangenen I. zu finden. Ich habe daher das dem II. Theil Vorhergehende als I. Theil bezeichnet und mit einem so entsprechend wie möglich gewählten Titel versehen. Die Beispiele, welche nicht gut zum II. Theile allein gerechnet werden können, da sie sich auch auf das im I. Theile Behandelte beziehen, habe ich als III. Theil angefügt. Die Unterabtheilungen der 3 Theile bezeichnet *Maxwell* anfangs wieder mit I, II, III etc., welche Bezeichnung dann aufgelassen wird. Diese Unterabtheilungen habe ich der Unterscheidung wegen consequent mit A, B, C . . . bezeichnet und ihre Titel auch als Columnentitel verwendet, während das Original überall den Columnentitel »on Faradays lines of force« hat. Die Bezeichnung der »Artikel« (S. 9—29) mit arabischen, sowie der »Theoreme« (S. 55—62) mit römischen Ziffern beliess ich wie im Originale.

Auch die Citate habe ich vervollständigt und berichtigt.

War ich mir daher auch der Schwierigkeiten klar bewusst, so glaubte ich doch die an mich ergangene Aufforderung, gerade diese Abhandlung *Maxwell's* zu übersetzen, nicht zurückweisen zu sollen. Hat man die Wichtigkeit der historischen Reihenfolge beim Studium einer Wissenschaft überhaupt oft betont, so gilt dasselbe wohl auch beim Studium der Werke eines einzelnen Forschers. Sicher bei *Maxwell*. Dieser wäre nicht so oft missverstanden worden, wenn man das Studium nicht mit dem treatise begonnen hätte, während die specifisch *Maxwell'*sche Methode in dessen früheren Abhandlungen viel klarer hervortritt. Wahrscheinlich weil diese anfangs wenig Verständniss fanden, auch weil er mehr für Studirende schreiben wollte, glaubte *Maxwell* später die alten Vorstellungen mit den seinigen mischen zu sollen, wodurch aber Leser, die mit dem treatise beginnen, gerade irre geführt werden.

Schon diese erste grössere Abhandlung *Maxwell's* enthält bewunderungswürdig viel. Die Gleichungen zwischen magnetischer und elektrischer Quantität und Intensität blieben im Wesentlichen unverändert; nur die Einführung der dielektrischen Polarisation und der elektrischen Leitung neben einander, sowie der Inductionswirkung der zeitlichen Veränderung der ersteren und das Meiste über die Gleichungen für bewegte Körper kam später hinzu.

Ich kann zum Schlusse nur wünschen, dass beim Vergleiche dieser Uebersetzung mit dem Originale der innere Werth nicht allzusehr im Verhältnisse des äussern Formates stehen möge!

---

1) *Zu S. 3.* Die nun folgende Einleitung dieser ersten grösseren Arbeit *Maxwell's* ist hochbedeutend. Sie zeigt, wie wenig derselbe durch einen blossen Zufall zu seinen späteren Entdeckungen gelangte; dass er vielmehr nach einem vorher wohl überlegten Plane vorging. Ein solcher mag wohl auch vielen anderen grossen Entdeckern vorgeschwebt haben, aber wenige waren sich desselben so klar bewusst und hatten die Aufrichtigkeit, ihn vorher so schlicht auseinander zu setzen. Man kannte auch am Continent die Wichtigkeit der von *Maxwell* besprochenen Uebergangsfälle, aber während man sie dort bloss zu unfruchtbaren Debatten über die verschiedenen elektrodynamischen Elementargesetze heranzog, hatte *Maxwell*

längst schon das einzig richtige gethan, nämlich eine völlig neue Theorie geschaffen.

Maxwell's Einleitung beweist ferner, dass er für die Erkenntnisstheorie ebenso bahnbrechend war, als für die theoretische Physik. Alle in den folgenden 40 Jahren von der Erkenntnisstheorie eingeschlagenen Bahnen sind in diesen wenigen Seiten bereits klar vorgezeichnet, ja selbst durch dieselben Gleichnisse veranschaulicht. Die späteren Erkenntnisstheoretiker gaben alles dies viel ausführlicher, aber auch meist einseitiger wieder und stellten die Regeln, wie die Theorie weiter zu entwickeln sei, erst nach geschehener Weiterentwicklung, nicht wie hier schon vorher auf.

2) *Zu S. 4.* Eine allerdings nur schwache Andeutung des Princips der Oeconomie. (Vgl. *Mach*, Almanach der Wiener Acad. der Wissensch. 1882.)

3) *Zu S. 4.* Was *Maxwell* hier und im Folgenden über die Methode der rein mathematischen Formel sagt, ist ganz der *Kirchhoff*'sche Standpunkt der reinen Beschreibung und der *Hertz*'sche der Voranstellung von Differentialgleichungen, deren Beweis dann in der Uebereinstimmung ihrer Folgerungen mit den Thatsachen liegt.

4) *Zu S. 4.* Genau so sagt *Mach* »Ueber das Princip der Vergleichung in der Physik« (Naturforscherverhandlungen 1894, p. 7 des Separatabdruckes): »Sie (die Stofftheorie der Wärme) hat die Nachfolger *Black*'s geblendet«.

5) *Zu S. 4.* Dieses Wort ist nachher Schlagwort geworden. Vgl. *Helmholtz*, Studien zur Statik monocyclischer Systeme (Berl. Ber. März, Dec. 1884), oder die soeben citirte Schrift *Mach*'s, auch des Uebersetzers »über die Methoden der theoretischen Physik«. Catalog der math. Ausstellung zu München 1892 und 93.

6) *Zu S. 4.* Der Standpunkt, dass die Messung der Raum- und Zeitgrössen durch Zahlen auf einer blossen Analogie derselben mit den zwischen ganzen Zahlen bestehenden Relationen beruhe, ist, soviel ich weiss, niemals wieder aufgenommen worden.

7) *Zu S. 5.* Genau so sagt *Hertz* (Untersuch. über die Ausbreitung der elektr. Kraft p. 31): »Die Strenge der Wissenschaft fordert, dass wir das bunte Gewand, welches wir der Theorie überwerfen, von der einfachen und schlichten Gestalt der Natur selbst unterscheiden«. Ueberhaupt ist die Klarheit, womit *Maxwell* schon damals zwischen der Thatsache der

periodischen Aenderung irgend eines transversal gerichteten Zustandes und der Hypothese einer schwingenden Bewegung unterschied, ein Beweis seiner Einsicht auf erkenntnisstheoretischem Gebiete.

8) *Zu S. 6.* Vergl. *Mach* l. c. p. 10, Uebersetzer l. c. pag. 7. Einige der wichtigsten Analogien wären etwa:

Gesetze der Wirbelbewegung in Flüssigkeiten und der Elektrodynamik, *Helmholtz*, Borchardts J. 55, S. 40, ges. Abh. I S. 117; *Kirchhoff*, Borch. J. 71, 1869, ges. Abh. S. 404; *Neumann*, sächs. Ges. Febr. 1892.

Gesetze der Gasreibung und der Elektrodynamik, *Helmholtz*, Borch. J. 72, S. 85, ges. Abh. I. S. 578.

Drehung eines festen Körpers und Biegung, *Kirchhoff*, Vorlesungen über Mechanik, 3. Aufl. S. 421.

Energie und Stoff, Magnetismus-, Elektricitätsmenge.

Schwingungen des Pendels mit Luftreibung, der Magnetnadel in einem Kupfergehäuse, der Elektricität in Condensatoren.

Brechung der Bahn einer ins Wasser geschossenen Flintenkugel, des Lichts, der elektrischen Kraftlinien.

Die zahllosen mechanischen Bilder der Elektricitätswirkung (*Hankel*, *Edlund*, *Bjerkness*, *Gordon*, *Fitzgerald*, Lord *Kelvin*, *Sommerfeld*, *Reiff*).

Bicykeln und Elektricitätsbewegung (*Maxwell*, treatise, II. S. 189).

Monocykeln und Wärme (*Helmholtz*, Berl. Ber. 6. 27. März und 10. Juli 1884, wissensch. Abh. III, S. 117, 163, 173).

Alle Arten von Wellen, elastische, elektrische und Lichtschwingungen.

Potentialtheorie, Elasticität, Hydrodynamik, Wasserstrom, Wärmestrom und elektr. Strom in Leitern (*Maxwell*, treat. II. S. 406), Diffusionsstrom.

Dielektricität, stationärer elektrischer Strom und magnetischer Fluss (*Rowland*, Amer. Journ. of math. III, S. 89, 1880).

Arbeitsleistung beim Sinken eines Gewichts, einer Elektricitätsmenge auf niederes Potential (*Mach*, Sitzungsb. d. Wien. Acad. II, Bd. 101 S. 1593), einer Wärme auf niedrigere Temperatur.

Actuelle und potentielle Energie in der Thermodynamik (*Oettingen*, die thermodyn. Bezieh. antithetisch entwickelt), Mém. de l'acad. (d. Pétersbourg [7] 32, Aug. 1885).

Die verschiedenen Minimumsätze (*Gibbs*, thermodyn. Studien, Ostw. Lehrbuch d. allg. Chemie II).

Viele dieser Analogien haben übrigens einen so einfachen mathematischen Grund, dass ihr Ueberraschendes für den mathematisch denkenden Leser verschwindet. So beruht eine ganze Reihe darauf, dass bei gewissen Phänomenen zunächst der erste, dann der zweite Differentialquotient der gesuchten Grösse nach der independent Variabeln in Frage kommt; wo die positive und negative Richtung gleichberechtigt sind, nur der zweite. Sind zudem noch mehrere Variabeln gleichberechtigt, so müssen die betreffenden zweiten Differentialquotienten gleichen Coefficienten haben; daher wird für 3 rechtwinkelige Coordinaten die Grösse $a^2 \nabla^2 u$ *) besonders oft entscheidend. Spielt die positive und negative Richtung eine verschiedene Rolle (z. B. bei der Zeit), so kann auch der erste Differentialquotient erscheinen. Alles dies darf uns so wenig wundern, wie die Thatsache, dass kleine Aenderungen des Druckes, Volumens, Brechungsexponenten etc. den dazu gehörigen Aenderungen der Temperatur, Elektrisirung etc. proportional sind.

9) *Zu S. 9.* Dieses Bestreben, keine über die nackten Thatsachen hinausgehende Hypothese zu machen, ist wieder ganz im Sinne der modernen Erkenntnisstheorie.

10) *Zu S. 10.* Eine zu einer bestimmten Zeit durch zwei Punkte A und B des Raumes gehende Stromlinie S giebt nämlich in A und B die daselbst zu dieser Zeit herrschende Strömungsrichtung. Das Flüssigkeitstheilchen F nun, welches zu dieser Zeit in A war, bewegt sich dort genau in der durch die Stromlinie angezeigten Richtung; allein in die Nähe von B kommt es zu einer viel spätern Zeit, wo die Stromlinien, wenn die Bewegung nicht stationär ist, bereits eine ganz andere Gestalt haben. Würde es also selbst zufällig nach B kommen, was im Allgemeinen nicht der Fall ist, so würde es sich keineswegs mehr in der Richtung der früheren Stromlinie S bewegen, da jetzt durch B im Allgemeinen eine ganz anders gerichtete Stromlinie ginge. Wenn die Bewegung nicht stationär ist, stimmt daher die Stromlinie nur während unendlich kurzer Zeit mit der Bahn des Flüssigkeitstheilchens überein.

11) *Zu S. 12.* Zu einer ganz ähnlichen Ansicht gelangte *Riemann*, offenbar vollkommen unabhängig von *Maxwell.*

---

*) ∇^2 bedeutet immer die Operation $\frac{d^2}{dx^2} + \frac{d^2}{dy^2} + \frac{d^2}{dz^2}$.

(*Riemann*, gesammelte Werke 2. Aufl. S. 529.) Man beachte den Unterschied zwischen der subjectiven Methode *Riemann's*, der sogar die Geisterwelt mit ins Spiel zieht, und der rein objectiven *Maxwell's*. Welche verdient da mehr die Bezeichnung philosophisch?

12) *Zu S. 14.* Bisher war das Bild ein rein geometrisches, d. h. die fingirte Flüssigkeit diente bloss zur Versinnlichung gewisser geometrischer Beziehungen. Nun entlehnt *Maxwell* die weiteren Züge des Bildes der analytischen Mechanik und zwar einem Grenzfalle derselben. Denn da es eine Mechanik massenloser Körper nicht giebt, so muss man sich zuvörderst vorstellen, die fingirte Flüssigkeit habe sehr kleine Dichte, während das im Nachfolgenden von *Maxwell* postulirte »Medium« sehr grosse Kräfte auf sie ausübt. Der Grenzfall, wo die Dichte unendlich klein, die Kraft unendlich wird, liefert das *Maxwell'*sche Bild. Das Bild kann nun natürlich nicht mehr geometrische Evidenz, sondern bloss die der Gesetze der Mechanik beanspruchen.

13) *Zu S. 15.* Das »Medium« ist im Raume ruhend zu denken, während die »Flüssigkeit« durch dasselbe, wie Wasser durch einen Schwamm hindurchdringt, wobei jedes Flüssigkeitstheilchen den besprochenen gegen das Product seiner Masse und Beschleunigung stets unendlichen Widerstand erfährt.

14) *Zu S. 15.* Da die Dichte der Flüssigkeit verschwindet, so ist zur Aenderung der Geschwindigkeit derselben keine Kraft erforderlich und die Resultirende aller auf ein Volumelement wirkenden Druckkräfte muss immer gleich den auf dasselbe Volumelement wirkenden äussern Kräften (hier dem vom Medium ausgehenden Widerstande) sein. Jede Geschwindigkeitscomponente der Flüssigkeit, welche einen durch Druckdifferenz nicht compensirten Widerstand des Mediums erzeugen würde, kommt sofort wegen der unendlich kleinen Dichte der Flüssigkeit zur Ruhe.

15) *Zu S. 16.* Dieser durch keine Druckdifferenz äquilibrirte Widerstand würde nach dem am Schlusse der vorigen Anmerkung Gesagten sofort die Geschwindigkeitscomponente, welche zur Fläche gleichen Drucks tangential gerichtet ist, zum Stillstande bringen.

16) *Zu S. 18.* Zahlreiche Sätze der Potentialtheorie, z. B. das *Dirichlet'*sche Princip, verschiedene Sätze von *Green* und *Gauss*, kann *Maxwell* nach seiner echt englischen, rein

constructiven Methode ohne Rechnung beweisen; doch erzielt er natürlich keine mathematische Evidenz, da ja gewisse Grundsätze der Mechanik (also physikalischer Natur) zu seinen Voraussetzungen gehören.

17) *Zu S. 19.* Seien u, v, w die Geschwindigkeitscomponenten der Flüssigkeit, so ist $u = -\frac{1}{k}\frac{dp}{dx}$, $v = -\frac{1}{k}\frac{dp}{dy}$, $w = -\frac{1}{k}\frac{dp}{dz}$. Ferner ist in jedem Volumelemente $dx dy dz$ eine Quelle von der Intensität $S = \varrho\, dx dy dz = dx dy dz\left(\frac{du}{dx}+\frac{dv}{dy}+\frac{dw}{dz}\right) = -\frac{dx dy dz}{k}\nabla^2 p$. Nach (19) ist $p = \Sigma \frac{kS}{4\pi r} = \frac{k}{4\pi}\iiint \frac{\varrho\, dx dy dz}{r}$. Wenn wir daher $\iiint \frac{\varrho\, dx dy dz}{r} = \frac{4\pi p}{k} = V$ setzen, so folgt $\nabla^2 V = -4\pi\varrho$. Der *Laplace*'sche und *Poisson*'sche Satz der Potentialtheorie gehören also ebenfalls zu jenen, die *Maxwell*, ohne Kenntniss der Differential- und Integralrechnung vorauszusetzen, beweist. Natürlich folgen nach *Maxwell*'s Methode sofort auch die Sätze über das Potential von Flächen, die mit endlichen Maassen belegt sind.

18) *Zu S. 21.* Zieht man senkrecht zur Trennungsfläche die z-Axe, in der Tangentialebene derselben die x- und y-Axe und bezeichnet mit u, v, w, p die Componenten der Strömungsgeschwindigkeit und den Druck auf der Seite, wo der Widerstandsfactor $= k$ ist, mit einem angehängten Striche aber die Werthe auf der andern Seite, so ist an der Trennungsfläche

$$\frac{dp}{dx} = \frac{dp'}{dx}, \quad \frac{dp}{dy} = \frac{dp'}{dy}, \quad k'\frac{dp}{dz} = k\frac{dp'}{dz} \qquad 1)$$

$$k'u = ku', \quad k'v = kv', \quad w = w'.$$

Da $u : u' = v : v'$, so bleibt die Stromröhre in derselben durch die z-Axe (also die Normale) gelegten Ebene. Da ferner $\frac{\sqrt{u^2+v^2}}{w}$ und $\frac{\sqrt{u'^2+v'^2}}{w'}$ die Tangenten derjenigen Winkel i und b sind, welche man Einfalls- und Brechungswinkel nennen würde, wenn man statt der ungestrichelten resp. gestrichelten Stromrichtung die eines einfallenden resp. gebrochenen Lichtstrahls setzen würde, so folgt $\operatorname{tg} i : \operatorname{tg} b = k' : k$.

(Vergl. *Helmholtz*, »über die Bewegungsgleich. der Elektr. für ruhende leitende Körper. Gleich 17. Borch. Journal 72, S. 116, Ges. Abhandl. I. S. 613.) dp/dz wird später mit der elektrischen oder magnetischen Kraft (auf die Elektricitäts- oder Magnetismusmenge eins) identificirt werden. Wenn man daher die Flüssigkeitsmenge, die durch den Querschnitt einer Röhre fliesst, der Kraft direct, dessen Flächeninhalt ihr verkehrt proportional setzt, wodurch man die sogenannten Kraftröhren erhielt, so muss sich der Querschnitt beim Uebergang von einer Substanz in eine zweite plötzlich ändern, und die Röhren füllen in der zweiten Substanz nicht mehr den ganzen Raum aus, wenn sie es in der ersten thaten. Setzt man dagegen den Querschnitt der magnetischen oder elektrischen Induction (d. i. der Grösse $\frac{1}{k}\frac{dp}{dz} = w$) verkehrt proportional (Inductionsröhren), so verschwindet diese Schwierigkeit. Daher gebraucht man jetzt immer die Inductionsröhren. In einem homogenen Körper kommt beides auf dasselbe hinaus.

19) *Zu S. 21.* An jeder Stelle der Trennungsfläche, wo eine Einheitsröhre aus dem innern in das äussere Medium übertritt, ist eine Quelle $+1$ an der Aussen- und eine Quelle -1 an der Innenseite anzubringen. Erstere ist dann mit k, letztere mit k' zu multipliciren, so dass beide zusammen eine Quelle von der Intensität $k - k'$ liefern. Umgekehrt bleibt an jeder Stelle, wo eine Einheitsröhre in das Innere eintrat, eine Quelle von der Intensität $k' - k$.

20) *Zu S. 22.* Von der geschlossenen Fläche kann dabei Flüssigkeit ausströmen, und da innerhalb derselben $k' = 0$ ist, kann man sich die Quellen, welche dies bewirken, beliebig innerhalb oder an ihrer Oberfläche denken. Zu diesen Quellen kommen dann im 2. Falle ($k' = k$) nur Quellenpaare (d. h. Quellen, deren Intensität die Summe Null hat) hinzu, welche bestimmt sind, wenn die ersteren Quellen in bestimmter Weise gewählt wurden.

21) *Zu S. 25.* Die neuen Coordinatenaxen, welche das specielle Coordinatensystem bilden, sind die Axen des Ellipsoids, welches bezüglich der ursprünglichen Coordinatenaxen die Gleichung hatte:

$$P_1 x^2 + P_2 y^2 + P_3 z^2 + 2 S_1 yz + 2 S_2 xz + 2 S_3 xy = 1.$$

Dass dies eine geschlossene Fläche 2. Grades sein muss, folgt daraus, dass für keine Lage der Coordinatenaxen einer der

Coefficienten P negativ werden kann. Ist es ein Rotationsellipsoid, so sind natürlich unendlich viele derartige Coordinatentransformationen möglich; ist es eine Kugel, so erhalten wir wieder den ursprünglichen Fall gleicher Beschaffenheit nach allen Richtungen.

22) *Zu S. 25.* Es wird angenommen, dass der Druck, wie im isotropen Medium, nach allen Richtungen gleich ist, dass also die strömende »Flüssigkeit«, in welcher dieser Druck herrscht, nach wie vor isotrop ist; nur das immer ruhende »Medium«, durch welches die Flüssigkeit wie durch einen porösen Schwamm strömt, ist anisotrop. Wenn α, β, γ die Componenten der von der Flüssigkeit auf das Medium ausgeübten Kraft sind, wie es *Maxwell* später voraussetzt, da er $\alpha = ka$, nicht gleich $-ka$ setzt, so muss übrigens

$$\alpha = -\frac{dp}{dx},\ \beta = -\frac{dp}{dy},\ \gamma = -\frac{dp}{dz}$$

gesetzt werden. (Vgl. S. 30, S. 49, Gl. A.)

23) *Zu S. 25.* Durch die Gleichung

$$\frac{d^2p}{d\xi^2} + \frac{d^2p}{d\eta^2} + \frac{d^2p}{d\zeta^2} = 0$$

und die Grenzbedingungen, auf welche T ebenfalls ohne Einfluss ist, ist nämlich p eindeutig bestimmt.

24) *Zu S. 27. Maxwell* meint Folgendes: Geht eine Einheitsröhre von einer Entstehungsstelle eins aus, wo ein positiver Druck p herrscht, und endet an einer Vernichtungsstelle eins mit negativem Drucke $-p_1$, so hat sie bis zur Stelle, wo der Druck Null herrscht, p und dann noch p_1, also im Ganzen $p + p_1$ Einheitszellen. In der That ist die Entstehungsstelle durch die Zahl $+1$, die Vernichtungsstelle durch -1 charakterisirt, daher ist $\Sigma(Sp) = p + p_1$. Würde an der Vernichtungsstelle noch der positive Druck $+p_1$ herrschen, so wäre $\Sigma(Sp) = p - p_1$, und dies wäre auch die Zahl der Einheitszellen. Dieselbe Formel ist richtig, wenn schon an der Entstehungsstelle negativer Druck herrscht, und man kann sich Quellen von höherer Intensität immer so denken, als ob mehrere Einheitsquellen unmittelbar nebeneinander lägen. Es ist überhaupt für die *Maxwell*'sche Methode charakteristisch, dass er die Intensität der Quellen, welche der freien Elektricität, dem freien Magnetismus etc. entsprechen, niemals durch eine Irrationalzahl, sondern immer durch eine

ganze Zahl von Einheiten ausgedrückt denkt und daher immer auch eine ganze Zahl von Einheitsröhren, Einheitszellen etc. annimmt.

25) *Zu S. 27.* Da die »Flüssigkeit« keine Trägheit und daher auch keine lebendige Kraft hat, so muss diese Arbeit in der Zeiteinheit auf Ueberwindung des Widerstandes verwendet werden und daher gleich der Zahl der Einheitszellen sein, in deren jeder in der Zeiteinheit die Arbeit eins auf Ueberwindung von Widerstand verwendet wird.

26) *Zu S. 31.* Die nach irgend einer Richtung auf die Elektricitätsmenge eins wirkende Kraft ist gleich der Anzahl der Einheitsröhren, welche durch ein senkrecht zu jener Richtung gelegtes Flächenelement vom Flächeninhalte eins gehen. Zum vorigen Satze ist zu bemerken, dass das sogenannte Selbstpotential eines elektrischen Systems $\Sigma(dm)$ den Werth $kw/8\pi$ hat, also gleich der halben in der Zeiteinheit in allen Einheitszellen von der Flüssigkeit auf Ueberwindung von Widerstand verwendeten Arbeit ist. Diese Division des Selbstpotentials durch 2 ist im spätern Verlauf der *Maxwell*'schen Abhandlung noch öfter erforderlich.

27) *Zu S. 32.* Dies alles ergiebt sich unmittelbar, wenn man in den früher gefundenen Sätzen »freie Elektricität« statt »Quelle«, »Kraftlinie« statt »Stromlinie«, »Potential« statt »negativer Druck« setzt. Da in einem Dielektricum, wo $k' = 0$ ist, p constant ist, so muss auch ausserhalb in der unmittelbaren Nähe der Differentialquotient von p tangential zur Oberfläche des Dielektricums, also auch die elektrische Kraft in dieser Richtung verschwinden. Ueberhaupt folgen die bekannten Bedingungen für die Trennungsfläche zweier Dielektrica unmittelbar aus den Gleichungen 1) der Anm. 18.

28) *Zu S. 33.* Eine solenoidale oder tubulare Vertheilung ist bekanntlich eine solche, wo $\nabla^2\varphi = 0$ ist, wenn φ diejenige Function bedeutet, deren Differentialquotienten nach den Coordinaten die Componenten der magnetischen Kraft (auf die positive Magnetismusmenge eins) liefern. Ist daher die Vertheilung im Innern eines Raumes solenoidal, so enthält derselbe keinen freien Magnetismus, also keine Quellen der »Flüssigkeit«.

29) *Zu S. 37.* Potentialdifferenzen zwischen verschiedenen in Contact befindlichen Metallen führt *Maxwell* nicht ein. Er betrachtet ein aus Zink, Platin und einer Flüssigkeit bestehendes Element. Auch zwischen dem Platin und der Flüssig-

keit nimmt er keinen Potentialsprung an. Die gesammte elektromotorische Kraft hat daher nur in einem einzigen Querschnitte des Stromkreises (der Berührungsfläche von Zink und Flüssigkeit) ihren Sitz. Dieser Querschnitt spielt die Rolle eines galvanischen Elements von verschwindendem Widerstande, alles andere ist nur Schliessungskreis desselben ohne elektromotorische Kraft, aber vom Gesammtwiderstande K. Daher ist die Potentialdifferenz $p - p'$ zu beiden Seiten jenes Querschnittes immer gleich der gesammten elektromotorischen Kraft F, die Potentialdifferenz zweier anderer Querschnitte aber, zwischen denen der Widerstand L herrscht, ist FL/K.

30) *Zu S. 38.* Sei dx das Längenelement einer geschlossenen oder ungeschlossenen Curve; die magnetische Kraft f, welche daselbst auf die Magnetismusmenge eins wirkt, habe in der Richtung dx die Componente f_x, dann versteht *Maxwell* unter der gesammten Intensität längs dieser Curve das Integrale $\int f_x dx$. Dieses Integrale ist in dem nun Folgenden unter F zu verstehen. In der vorhergehenden Gleichung dagegen bezeichnet F die Grösse f selbst oder, wenn die Magnetisirung nicht gleichförmig wäre, deren Mittelwerth im betreffenden Querschnitte, der wohl normal zu den Kraftlinien gedacht ist. f heisst sonst die Intensität in einem Punkte. Unter einem magnetischen Solenoid ist hier eine dünne gerade oder krumme solenoidal magnetisirte (vgl. S. 33) Eisenstange verstanden. Die »gesammte magnetische Intensität« F längs derselben $\int f_x dx$, über deren Mittellinie erstreckt, ist die Differenz $p - p'$ der magnetischen Potentiale an beiden Enden. Dieser Fall entspricht der Influenzwirkung auf einen leitenden Draht, in dem keine elektromotorischen Kräfte vorhanden sind. Der hierauf von *Maxwell* behandelte Fall eines »solenoidal magnetisirten in sich zurücklaufenden Kreises«, welcher ganz einem geschlossenen elektrischen Stromkreise entspricht, bietet ein Beispiel, wo die (z. B. von einem den magnetischen Kreis umfliessenden Strome herrührende) magnetische Kraft kein eindeutiges Potential besitzt.

31) *Zu S. 39.* Wir betrachten zuerst einen in sich geschlossenen Stromkreis, der aus verschiedenen Drähten bestehen kann, die von einem elektrischen Strom durchflossen werden. Unter der Gesammtquantität J versteht *Maxwell* die Elektricitätsmenge, die in der Zeiteinheit durch irgend einen Querschnitt fliesst, unter der Quantität i in einem Punkte die

Stromdichte. Wird daher ein Querschnitt S gleichmässig durchströmt, so ist

$$J = Si.$$

Die Intensität f in einem Punkte ist die daselbst auf die Einheit positiver Elektricität wirkende Kraft. Die Gesammtintensität ist

$$F = \int f dx,$$

wobei dx ein Längenelement eines Drahtes und das Integrale über den ganzen Stromkreis zu erstrecken ist. Mit k bezeichnet *Maxwell* den specifischen Widerstand in einem Punkte. Es ist also daselbst

$$f = ki, = \frac{kJ}{S},$$

(wofür *Maxwell* S. 38 nicht ganz consequent schreibt $F = \frac{kJ}{S}$), daher $F = \int kidx = J\int \frac{kdx}{S} = JK$ (was mit S. 38 stimmt). kdx/S ist der Widerstand des Längenelementes dx des Drahtes, daher K der Gesammtwiderstand des Stromkreises.

Dieselben Gleichungen gelten unverändert, wenn ein aus dünnen, stark magnetisirbaren Stangen (verschiedene Eisensorten, Nickel) gebildeter Ring durch einen ihn umschlingenden elektrischen Strom magnetisirt wird, sobald der Austritt von Kraftlinien aus dem Ringe (Streuung) vernachlässigt werden kann. Es ist dann f die magnetische Intensität in einem Punkte (magnetische Feldintensität, Kraft auf den Magnetismus eins), F die gesammte magnetische Intensität, i die magnetische Quantität an einem Punkte (magnetisches Moment der Volumeinheit daselbst), J die magnetische Gesammtintensität und k die magnetische Permeabilität.

Wir betrachten nun zunächst das elektrische Analogon der Streuung. Einer der stromführenden Drähte mag eine weitere mit verdünnter Schwefelsäure gefüllte Röhre durchsetzen, oder noch allgemeiner, ein Leitersystem bildet einen beliebigen ringförmigen (zweifach zusammenhängenden) Raum und darin fliesst Elektricität im Kreise herum. Die elektrische Wirkung soll solenoidal sein, d. h. die elektrische Kraft soll ein (freilich nicht eindeutiges) Potential haben, oder mit andern Worten: Keine Stromlinie soll (wie A in Fig. 1) in sich zurücklaufen, ohne den Ring ganz zu durchsetzen, sondern jede soll (wie B) im Ringe rund herumgehen. Dann besteht die Aequipotentialfläche aus lauter Querschnitten des Ringes. Die elektrische Quantität i und Intensität f in einem Punkte sind wieder die Stromdichte und Kraft auf die positive Elektricitätsmenge eins daselbst. Die elektrische Gesammtintensität ist wieder

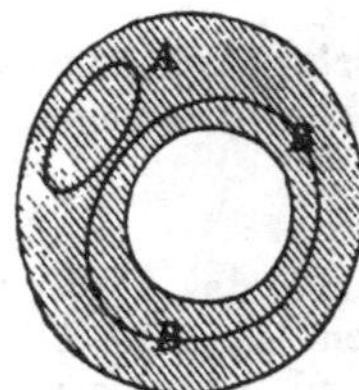

Fig. 1.

$$F = \int f dx,$$

wobei jetzt dx ein Längenelement irgend einer Stromlinie I bedeutet und über die ganze geschlossene Stromlinie zu integriren ist (*Maxwell* schreibt S. 38: $F = \Sigma\,(fdx)$. Sei $d\xi$ das zwischen denselben Aequipotentialflächen (1 und 2) liegende Längenelement einer andern Stromlinie II, und φ die Intensität (elektrische Kraft) daselbst, so ist

$$\varphi : f = dx : d\xi,$$

da f der nach der Normalen genommene Differentialquotient des Potentials ist. Der Potentialunterschied ist aber für zwei gegebene Aequipotentialflächen an allen Stellen gleich, während die Differentiale der Normalen gleich den Differentialen dx und $d\xi$ der Stromlinien sind. Daher ist $f dx = \varphi d\xi$ und es muss auch $\int f dx$ für jede geschlossene Stromlinie gleich ausfallen.

Sei dS ein Flächenelement der Aequipotentialfläche (1), φ die elektrische Kraft und $d\xi$ der Abstand der beiden Aequipotentialflächen daselbst, wogegen f und dx dieselben Grössen an der unveränderlich gedachten Stelle sind, wo die Stromlinie I die Aequipotentialfläche schneidet. Dann ist $dSd\xi$ das Volum des über dS stehenden senkrecht von den Aequipotentialflächen (1) und (2) begrenzten Cylinders. Ist noch k der specifische Widerstand an dieser Stelle, so ist

$$\frac{kd\xi}{dS} = \frac{kf}{\varphi}\frac{dx}{dS}$$

der Widerstand dieses Cylinders. In dem ganzen zwischen den Aequipotentialflächen (1) und (2) liegenden Raume sind alle diese Cylinder als parallel geschaltet zu betrachten; daher ist der Widerstand dieses Raumes

$$dK = \frac{dx}{\int\frac{\varphi dS}{fk}} = \frac{f dx}{\int\frac{\varphi dS}{k}},$$

und der Gesammtwiderstand des Ringes ist

$$K = \int\frac{f dx}{\int\frac{\varphi dS}{k}}.$$

Die gesammte Quantität (gesammte Stromstärke) ist

$$J = \int i dS = \int\frac{\varphi dS}{k},$$

da wieder $\varphi = ki$ ist. (*Maxwell* schreibt S. 38 $J = \Sigma i dy dz$.) Da dieses Integrale für jeden Querschnitt denselben Werth haben muss, so kann die Gleichung für K so geschrieben werden:

$$K = \frac{1}{J}\int f dx = \frac{F}{J}.$$

Wir denken uns nun den ganzen Raum beliebig mit leitender Substanz erfüllt und dadurch in einen zweifach zusammenhängenden verwandelt, dass eine beliebige beiderseits offene Fläche, welche die Gestalt eines endlichen Röhrenstückes hat, absolut nicht leitend sein soll. Wenn in einem oder mehreren Querschnitten der Röhre constante elektromotorische Kräfte thätig sind, so entstehen elektrische Ströme, welche durch das Innere der Röhre fliessen und aussen herum geschlossen sind. Nichts hindert uns, unsere Gleichungen auch auf diesen Fall anzuwenden. Obwohl die Querschnitte des Ringes jetzt theilweise ins Unendliche gehen, bleiben doch alle Integrale endlich.

Substituiren wir nun statt der nichtleitenden röhrenförmigen Fläche eine congruente mit stromführendem Drahte umwickelte Fläche und setzen statt der Elektricitätsleiter magnetisirbare Körper, so haben wir das entsprechende magnetische Problem, und es bleiben mit entsprechender Veränderung der Bedeutung der Buchstaben die Formeln unverändert anwendbar.

32) *Zu S. 41.* Sei a_1 die magnetische Quantität in einem Punkte (magnetische Induction, magnetisches Moment der Volumeinheit, nicht wie später bloss die Componente dieser Grösse in der x-Richtung), α_1 die magnetische Intensität

(magnetische Kraft auf die Magnetismusmenge eins), λ die Länge, q der Querschnitt, also $q\lambda$ das Volumen einer Einheitszelle, so ist $a_1 q \lambda$ die totale magnetische Quantität (magnetisches Moment des Volumelementes) und $\alpha_1 a_1 q\lambda/2$ die Magnetisirungsarbeit. Diese muss für alle Einheitszellen gleich sein, da daselbst in der Zeiteinheit die Einheit der Arbeit geleistet wird. Nun ist aber jede Einheitszelle aus einer Einheitsröhre herausgeschnitten, daher $a_1 q = 1$, folglich $\alpha_1 \lambda$ constant. Da nach Anmerkung 26 das Selbstpotential gleich der halben in allen Einheitszellen in der Zeiteinheit geleisteten Arbeit ist, so ist auch hier die Magnetisirungsarbeit $\alpha_1 a_1 q\lambda/2$ in einer Einheitszelle gleich $1/2$, daher $\alpha_1 \lambda = 1$.

Die Richtigkeit der nach dieser Stelle unmittelbar folgenden Behauptung *Maxwell's* folgt leicht. Da die Gesammtzahl der Einheitszellen einer Einheitsröhre der Gesammtstromintensität allein proportional ist, so ist die Gesammtzahl aller in allen Einheitsröhren vorhandenen Einheitszellen dem Producte der Gesammtstromstärke und der Zahl der erzeugten Einheitsröhren proportional. (Vergl. auch Theorem III, S. 55 und vorletzte Gleichung S. 63.)

33) *Zu S. 41* und *42*. Mit diesem Worte sind dieselben Linien gemeint, die sonst immer Kraftlinien genannt werden, die aber zweckmässiger immer Inductionslinien heissen würden.

34) *Zu S. 42*. Dabei ist aber noch das Vorzeichen und der Proportionalitätsfactor zu beachten. In der Elektrostatik nimmt nämlich die Zahl der Einheitszellen und daher die Energie des Mediums (Aethers) um so viel zu, als die sichtbaren Kräfte, die den elektrostatischen das Gleichgewicht halten, Arbeit leisten; wenn zwei sich abstossende elektrostatisch geladene Körper sich wirklich entfernen, nimmt die Zellenzahl und Mediumenergie ab. In der Elektrodynamik aber nimmt die Mediumenergie um eben so viel ab, als die sichtbaren, den elektrodynamischen das Gleichgewicht haltenden Kräfte Arbeit leisten, die Mediumenergie und Zellenzahl wächst also, wenn zwei sich abstossende Stromleiter sich wirklich entfernen oder zwei sich anziehende sich nähern.

35) *Zu S. 43*. Diese beiden Arten von Kräften werden jetzt bekanntlich nach Prof. *Carl Neumann*'s Vorgang durch die Namen »elektromotorisch« und »ponderomotorisch« unterschieden. Ebenso bekannt ist, dass das seither von *Hall* entdeckte Phänomen gemeiniglich durch die Annahme erklärt

wird, dass die ponderomotorischen Kräfte doch eine kleine Verschiebung der Stromlinien im Stromleiter bewirken.

36) *Zu S. 45.* Man beachte, wie sich *Maxwell* entschuldigt, dass er nun kein mechanisches Bild bereit hat und zur Beschreibung der Thatsachen durch rein mathematische Formeln übergeht. In der That ist auch der nun folgende Theil der Abhandlung unvollkommen und blieb es, bis es *Maxwell* gelang, in der Abhandlung on physical lines of forces (scient. pap. I, p. 451, phil. mag. (4), 21, S. 161, 281, 338, 1861; 23, S. 12, 85, 1862) die mechanische Analogie, die er schon hier sucht, zu finden.

37) *Zu S. 49.* Der Index 2 ist in dieser und den folgenden Gleichungen wieder weggelassen, da dieselben Gleichungen auch für den Magnetismus gelten, wo dann alle Grössen den Index 1 bekommen. Uebrigens könnte aus demselben Grunde der Index 2 auch in den Gleichungen *A*) und *B*) wegbleiben.

38) *Zu S. 51.* D. h. wenn man in der Lösung eines Problems der stationären elektrischen Strömung durch körperliche Leiter die Begriffe »elektrische Kraft, Stromdichte, specifischer Widerstand« mit: »magnetische Kraft, magnetische Induction (magnetisches Moment der Volumeinheit), specifische inductive Capacität« vertauscht, so erhält man die Lösung eines Problems der magnetischen Influenz.

39) *Zu S. 53.* Dies ist nicht das jetzt in England übliche, sondern das französische oder Hopfencoordinatensystem, wo für ein von der positiven z-Seite herblickendes Auge der Uhrzeiger auf kürzestem Wege von der positiven x- zur positiven y-Axe gelangt, wo eine gewöhnliche Schraube, die sich auf kürzestem Wege von der positiven x- zur positiven y-Axe in einer unbeweglichen Mutter dreht, in der negativen z-Richtung fortschreitet, wo die positive z-Axe gegen den Kopf, die positive x-Axe gegen die linke Hand, die positive y-Axe gegen die Vorderseite einer menschlichen Figur gerichtet ist, wogegen der Beschauer der Hörsaaltafel die positive z-Axe nach aufwärts, die positive x-Axe nach rechts, die positive y-Axe gegen den Zuschauerraum gezogen erblickt. Bei diesem Coordinatensystem ist für ein Solenoid, dessen Mittellinie die z-Axe ist und welches vom elektrischen Strome so umflossen wird, wie man auf kürzestem Wege von der positiven x- zur positiven y-Axe gelangt, das dem Nordpol

entsprechende Ende der negativen z-Axe zugewandt. Dasselbe benutzt *Hertz* (Ausbreit. der elektr. Kraft p. 214). Fliesst daher ein Strom in der positiven Abscissenrichtung durch das Flächenelement $dy\,dz$, so wird durch denselben ein Nordpol auf dem Umfange des Flächenelementes in dem Sinne herumgetrieben, wie man auf dem kürzesten Wege von der positiven x- zur positiven y-Richtung gelangt. Diese Voraussetzung liegt auch den nun folgenden Rechnungen *Maxwell*'s zu Grunde. (Siehe beistehende Fig. 2.)

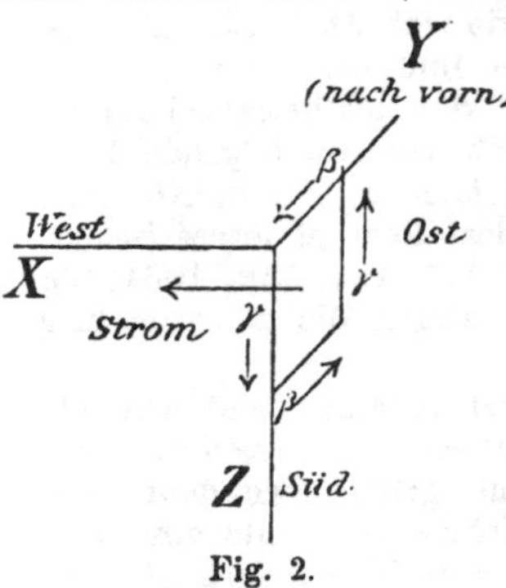

Fig. 2.

40) *Zu S. 54.* Ein geschlossener Strom habe diejenige Intensität, welche wir heute die magnetische Intensität eins nennen. Umkreist man denselben vollständig in der Richtung, in der ein Nordpol herumgetrieben wird, so dass man an die alte Stelle zurückkehrt, so wächst bekanntlich das magnetische Potentiale des Stromes um 4π. Dieser Zuwachs ist das, was *Maxwell* die totale Intensität der magnetischen Kraft, erstreckt über eine den Strom umfassende geschlossene Curve nennt. Wenn diese gleich eins ist, setzt er den Strom in dieser Abhandlung gleich eins. Ein Strom, der in unserm magnetischen Maasse die Intensität eins hat, hat also in dem gegenwärtigen *Maxwell*'schen Maasse die Intensität 4π. In spätern Werken nahm *Maxwell* unser heute übliches Maass an.

41) *Zu S. 56.* Denn wenn U das Potential des 1., V das des 2. Systems ist, so ist $\nabla^2 U$ der Dichte der elektrischen Ladung des 1., $\nabla^2 V$ aber der des 2. Systems proportional. $\iiint V \nabla^2 U\,dx\,dy\,dz$ ist daher dem Potentiale des 2. Systems auf das 1., $\iiint U \nabla^2 V\,dx\,dy\,dz$ dem des 1. Systems auf das 2. proportional. Die relative Verschiebung des 1. gegen das 2. System ist aber immer genau entgegengesetzt der des 2. gegen das 1.

42) *Zu S. 57.* Seien die Quellen ursprünglich in einem Medium vom Widerstandscoefficienten eins vorhanden und die Medien von anderen Widerstandscoefficienten alle in so grosser Entfernung befindlich, dass sie von den Quellen nicht merk-

lich beeinflusst werden. Es ist die Arbeit gemeint, die geleistet werden muss, um, ohne Aenderung der Lage und Intensität der Quellen die verschiedenen Medien in eine beliebige andere Lage in die Nähe der Quellen zu bringen.

43) *Zu S. 61.* $\alpha_0, \beta_0, \gamma_0$ übernehmen dieselbe Rolle wie im Theorem VI α, β, γ. Es ist daher entsprechend der 1. Gleichung des Theorems VI.

$$\frac{d\alpha_0}{dx} + \frac{d\beta_0}{dy} + \frac{d\gamma_0}{dz} = 0.$$

44) *Zu S. 62.* Bei *Maxwell* hat das 2. Glied in der eckigen Klammer in diesem sowie auch in allen andern solche eckige Klammern enthaltenden Ausdrücken für Q das entgegengesetzte Zeichen, was ich für einen Druckfehler halte. Die Gleichungen der S. 31 stimmen, auch abgesehen vom Zeichen, mit diesen bloss, wenn $k = 1$ ist, da jetzt p die Function ist, deren negative Differentialquotienten nach den Coordinaten gleich α, β, γ sind, während die positiven Differentialquotienten von V gleich a, b, c sind. Wegen dieses Unterschiedes im Vorzeichen wird auch das Vorzeichen des ersten Gliedes der Gleichung, welcher diese Anmerkung beigefügt ist, sowie das der vorhergehenden Gleichung fraglich.

Auch auf S. 50 habe ich das Vorzeichen der rechten Seite der beiden letzten Gleichungen verkehrt.

45) *Zu S. 62.* Früher (vgl. Anm. 39) waren α, β, γ die Componenten der auf einen Nordpol eins wirkenden Kraft. Sollte *Maxwell* jetzt auf ein Weinrankencoordinatensystem denken, wodurch sich freilich die Figur der Anmerkung 39 umkehren würde und man

$$a_2 = \frac{d\gamma_1}{dy} - \frac{d\beta_1}{dz} \text{ statt } a_2 = \frac{d\beta_1}{dz} - \frac{d\gamma_1}{dy} \text{ erhielte?}$$

In der neuern *Maxwell*'schen Elektricitätstheorie haben bekanntlich die diesen Gleichungen analogen für Elektricität einerseits und Magnetismus anderseits das entgegengesetzte Vorzeichen. Sonst würde für einen elektrischen oder magnetischen Vector u nicht $\frac{d^2u}{dt^2} = a^2 \nabla^2 u$, sondern $\frac{d^2u}{dt^2} =$ $= - a^2 \nabla^2 u$ folgen.

46) *Zu S. 65.* Diese Schlussweise dürfte nicht ganz strenge sein, da die völlige Unabhängigkeit der a_2, b_2, c_2 von den α, β, γ wohl nicht erwiesen ist.

47) *Zu S. 65.* Diese Gleichung enthält das Fundament der Elektrodynamik bewegter Körper (vgl. Beispiel M).

48) *Zu S. 70.* Dies ist bekanntlich bezweifelt worden; wenn die Kräfte auch zweite Differentialquotienten nach der Zeit enthalten, kann das Energieprincip gewahrt bleiben; doch ist hier nicht der Ort, auf die Frage nach der Verträglichkeit des *Weber*'schen Gesetzes mit dem Principe der Erhaltung der Energie einzugehen.

49) *Zu S. 72.* O liegt in der Verlängerung von CC' über C' hinaus, oder über C hinaus, je nachdem dieser Ausdruck positiv oder negativ ist.

50) *Zu S. 75.* Versteht man unter dem Potentiale den Ausdruck, dessen negativer Differentialquotient nach einer Coordinate die Kraft auf einen positiven Pol (Nordpol) liefert, setzt also das Potential eines Nordpoles $= + \frac{m}{r}$, so hat dieser Magnet seinen Nordpol der negativen Abscissenrichtung zugekehrt. Der Magnet, dessen Potential durch die nun folgende Formel $p' = A \frac{a^3}{r^3} x$ gegeben ist, hat also, wenn A positiv ist, den Nordpol der positiven Abscissenrichtung zugekehrt. Wenn das Feld den Nordpol in der positiven Abscissenrichtung treibt, ist bei obiger Definition des Potentials J negativ; wenn zudem die Kugel paramagnetisch ist, so ist $k < k'$, daher A positiv.

51) *Zu S. 75.* Da in der Oberfläche der Kugel keine elektrischen Ströme fliessen, so muss der Differentialquotient des Potentials tangential zur Kugelfläche innen und aussen den gleichen Werth haben. Bestimmt man daher die zum Potentiale hinzutretende Constante so, dass es im Unendlichen verschwindet und in einem Punkte der Kugelfläche innen und aussen denselben Werth hat, so muss letzteres für alle Punkte der Kugelfläche gelten. Nach *Maxwell*'s Anschauung muss der Druck innen und aussen gleich sein, da in der Kugelfläche keine Quellen und keine elektrischen Ströme liegen. (In Beispiel H und I ist der Druck innen und aussen verschieden, da in der Kugelfläche elektrische Ströme fliessen, daher dort die Giltigkeit des Bildes aufhört; die magnetischen Kräfte haben kein Potential, machen an der Kugelfläche einen Sprung.) Es bleibt noch die Bedingung, dass die Differentialquotienten des Potentials normal zur Kugelfläche, also in der

Richtung von r innen und aussen sich direct wie die Magnetisirungszahlen, also verkehrt wie die k verhalten müssen. Man hat also $\frac{dp_1}{dr} : \frac{dp}{dr} = k' : k$. In *Maxwell*'s Bild muss die »Flüssigkeitsmenge«, die von innen in die Kugelfläche eintritt (Induction durch diese Fläche, Zahl der hindurchgehenden Inductionslinien), gleich der nach aussen austretenden sein.

52) *Zu S. 78.* Weil ein magnetisches Potential existirt, ist

$$\frac{d\alpha}{dy} = \frac{d\beta}{dx}, \quad \frac{d\alpha}{dz} = \frac{d\gamma}{dx}.$$

Für einen paramagnetischen Körper ist der Werth k des Widerstandscoefficienten im Innern kleiner als der Werth k' ausserhalb, daher sind die 3 Grössen S. 77 Z. 14 von oben bei positivem α, β, γ negativ. Der erste der äquivalenten Magnete von der Länge l_1 muss daher die magnetische Masse $m_1 = \frac{(k - k')}{2k + k'} \frac{a^3 \alpha}{l_1}$ der negativen, die entgegengesetzt bezeichnete magnetische Masse der positiven Abscissenrichtung zukehren. Daher erklärt sich das negative Zeichen von X. Dabei ist immer ein Nordpol positiv angenommen, α ist positiv, wenn es den Nordpol in der positiven Abscissenrichtung treibt.

53) *Zu S. 79.* Analog dem soeben S. 78 für X gefundenen Werthe hat nämlich die Kraft, welche auf die nicht im Coordinatenanfange liegende Kugel in der zu b senkrechten Richtung σ wirkt, die Stärke

$$S = \frac{k - k'}{2k + k'} \frac{a^3}{2} \frac{d(i^2)}{d\sigma} = \frac{k - k'}{2k + k'} \frac{a^3}{2} \cdot \frac{1}{b} \frac{d(i^2)}{d\vartheta}.$$

Das Moment dieser Kraft, welches das Kugelpaar zu drehen sucht, ist aber bS, was mit der Gleichung im Texte übereinstimmt. Durch einen Rechenfehler, der sich auch schon früher bemerkbar macht, findet *Maxwell* in der letzten Klammer der nächstfolgenden Formel für L als ersten Addenden 1 statt 2.

54) *Zu S. 84.* Man kann zuerst den allgemeinen Fall betrachten, dass zwei concentrische Kugelflächen im unendlichen Raume gegeben sind. Innerhalb der kleineren sei ein Medium vom Widerstandscoefficienten k, zwischen beiden vom Widerstandscoefficienten k', ausserhalb der grösseren vom Widerstandscoefficienten k''. Ist dann x die x-Coordinate und r die Entfernung eines beliebigen Punktes vom gemeinsamen

Mittelpunkte beider Kugeln, der zugleich Coordinatenursprung ist; sind ferner a, a', a'', b', b'' Constanten, so kann man allen Bedingungen der Aufgabe genügen, wenn man dem magnetischen Potentiale p folgende Werthe ertheilt:

In der kleinen Kugel: $p = a x$.

Zwischen beiden Kugelschalen: $p = \left(a' + \frac{b'}{r^2}\right) x$.

Ausserhalb der grösseren Kugel: $p = \left(a'' + \frac{b''}{r^2}\right) x$.

Die 5 Constanten können genau nach *Maxwell's* Vorgang bestimmt werden. Setzt man dann $k = k''$, so hat man den Fall einer Hohlkugel.

55) *Zu S. 84.* Es wird dann in Beispiel B die Grösse $k = 0$, daher $B = 0$, $A = -J$. Das Potential, das von der Kugel allein herrührt, das also zu Jx addirt das Gesammtpotential liefert, ist innerhalb der Kugel $-Jx$, ausserhalb $-Ja^3x / r^3$. Daraus folgt sofort die Dichte ϱ des freien Magnetismus, der scheinbar die Kugel bedeckt. Da innerhalb das Gesammtpotential constant gleich Null, aussen gleich

$p' = Jx\left(1 - \frac{a^3}{r^3}\right) = J \cos \vartheta \left(r - \frac{a^3}{r^2}\right)$ ist, so ist

$\varrho = \left(\frac{dp'}{dr}\right)_{r=a} = .3 J \cos \vartheta$ *). Vermöge der Constanz des Potentials in der Kugel ist es vollkommen gleichgültig, welches Medium deren Inneres erfüllt, und es genügt, wenn die Kugel von einer sehr dünnen Schicht mit dem Widerstandscoefficienten Null bedeckt ist. In einer so magnetisirten Kugelschale denkt sich nun *Maxwell* den freien Magnetismus plötzlich fixirt, wodurch sie also in einen permanenten Magnet verwandelt wird, der im Coordinatenursprung ist und dessen magnetisches Moment Ja^3 ist, da $-Ja^3x / r^3$ das äussere Potential ist (vergl. die erste Formel des Beispiels B).

56) *Zu S. 85.* Der wahre Magnetismus WdS eines Flächenelementes dS der Kugelfläche entspricht der »Flüssigkeit«, die im Ganzen in der Zeiteinheit von dS ausströmt, also mehr nach aussen ab- als von innen zufliesst. Da der Differentialquotient des Druckes p in irgend einer Richtung

---

*) Nach den Festsetzungen der Anmerkung 50 wäre das die Dichte des Südmagnetismus.

gleich der mit dem Widerstandscoefficienten k multiplicirten Geschwindigkeitscomponente der »Flüssigkeit« in dieser Richtung ist, so ist

$$W = \frac{1}{k_i}\frac{dp_i}{dr} - \frac{1}{k_a}\frac{dp_a}{dr},$$

wo die Indices a und i den Aussenraum, resp. den Innenraum der Kugel charakterisiren. Vor Einführung des Mediums mit dem Widerstandscoefficienten k war $k_a = k_i = k'$,

$$p_a = -Ja^3 \cos\vartheta / r^2,\ p_i = -Jr\cos\vartheta,$$

$$\text{daher } W = -\frac{J\cos\vartheta}{k'}\left(\frac{2a^3}{r^3}+1\right) = -\frac{3J\cos\vartheta}{k'},$$

da für jedes Oberflächenelement der Kugel nach geschehener Differentiation $r = a$ zu setzen ist. Nach Einführung des Mediums ist:

$$k_a = k',\ k_i = k$$

$$p_a = -(A+J)\,a^3\cos\vartheta / r^2,\ p_i = -(A+J)r\cos\vartheta,$$

$$\text{daher}\quad W = -\left(\frac{2A+2J}{k'} + \frac{A+J}{k}\right)\cos\vartheta.$$

Da beide Werthe von W gleich sein müssen, folgt:

$$\left(\frac{2}{k'}+\frac{1}{k}\right)A + \left(\frac{2}{k'}+\frac{1}{k}\right)J = \frac{3}{k'}J.$$

$$A = \frac{k-k'}{2k+k'}J.$$

57) *Zu S. 86.* Sei die Kugel gleichliegend mit der Erdkugel. Die x-Axe gehe vom Centrum nach dem Nordpol. Die nördliche Breite eines Punktes sei $90^\circ - \vartheta$. Wir ziehen ausserhalb der Kugel eine Curve, deren Anfangspunkt B_0 und Endpunkt B auf der Kugeloberfläche liegen. Für dieselben soll ϑ die Werthe ϑ_0 resp. ϑ haben. Die magnetische Intensität (d. h. das Linienintegral der magnetischen Kraft) längs der Curve ist gleich der Differenz der Werthe des magnetischen Potentials an den Enden der Curve, also gleich $Ja(\cos\vartheta - \cos\vartheta_0)$. Ergänzen wir die Curve durch eine von B nach B_0 innerhalb der Kugel laufende zu einer geschlossenen, so ist die magnetische Intensität längs der Ergänzungscurve $Aa(\cos\vartheta_0 - \cos\vartheta)$, die über die ganze von B_0 nach aussen und von B nach innen laufende Curve aber ist, da

$A = -2J$ ist, $L = 3Ja\,(\cos\vartheta - \cos\vartheta_0)$. Ist B_0 auf dem Aequator, so hat man $\vartheta_0 = 90^\circ$, $L = 3Ja\cos\vartheta$. Wir betrachten den Nordpol als den positiven Pol und nennen eine magnetische Kraft eine positive, wenn sie ihn in den positiven Coordinatenrichtungen treibt; sie soll immer gleich der negativen Ableitung des Potentials nach dieser Richtung sein. Ist dann J positiv, so wird für $0 < \vartheta < 90^\circ$, also auf der nördlichen Hemisphäre, der Nordpol von der Kugel weg, also entgegengesetzt, wie durch den Erdmagnetismus getrieben und die elektrischen Ströme müssen die Kugel von West nach Ost umkreisen. Ist $\vartheta_0 = \vartheta - d\vartheta$, so wird $L = 3Ja\sin\vartheta d\vartheta$. Dies ist die Gesammtintensität der in allen Windungen fliessenden Ströme, die zwischen den beiden Punkten P und Q der Kugelfläche liegen, für die ϑ die Werthe $\vartheta - d\vartheta$ und ϑ hat. Die Abscissen dieser beiden Punkte sind um $dx = a\sin\vartheta d\vartheta$ verschieden. Denken wir uns daher die ganze Kugelschale mit Drahtwindungen bedeckt, die alle von West nach Ost laufen und einen Strom von der Stärke J_2 führen, so müssen zwischen den Parallelkreisen mit den Abscissen x und $x + dx$ immer $3Jdx / J_2$ Windungen liegen. Auf der ganzen Kugelfläche liegen also $n = 6Ja / J_2$ Windungen. Der in diesen Windungen fliessende Strom von der Stärke J_2 ist, so lange innen und aussen dasselbe Medium ist, einem kleinen Magnete äquivalent, dessen magnetische Axe die Abscissenaxe und dessen magnetisches Moment Ja^3 ist und welcher seinen Nordpol im geographischen Nordpol der Erde hätte, so dass also der Nordmagnetismus der positiven Abscissenrichtung zugekehrt ist. Zwischen den Punkten P und Q liegt ein Differential des Kugelmeridians von der Länge $ad\vartheta$. Da die Dicke der Kugelschale t ist, schneidet das zwischen den verlängerten Radien OP und OQ liegende unendliche Dreieck aus der Kugelschale die Fläche $tad\vartheta$ heraus. Der durch diese Fläche fliessende Gesammtstrom ist $L = 3J\,a\sin\vartheta d\vartheta$, daher die Stromdichte $j = \frac{3J}{t}\sin\vartheta$.

58) *Zu S. 87.* Die Bedingungen der Aufgabe sind folgende: Da kein wahrer Magnetismus (keine Quellen) vorhanden sind, hat man

$$\frac{1}{k}\frac{dp_1}{dr} = \frac{1}{k'}\frac{dp_1}{dr} \text{ für } r = a.$$

Im Ganzen ist die Kugel n-mal vom Strome J_2 umflossen.

Auf den ganzen Durchmesser $2a$ entfällt daher die Stromintensität nJ_2. Auf das Stück $dx = a \sin \vartheta d\vartheta$ soll die Stromintensität i entfallen. Dann ist $i : nJ_2 = dx : 2a$, also $i = nJ_2 \sin \vartheta d\vartheta / 2$. i ist der gesammte elektrische Strom, der durch ein Längenelement $a d\vartheta$ des Meridians der Kugel fliesst, also gleich der Differenz der »magnetischen Intensitäten« zu beiden Seiten des Längenelementes. Die »magnetische Intensität« ist die Potentialdifferenz an beiden Endpunkten des Längenelementes, also ausserhalb gleich $\frac{dp'}{d\vartheta} d\vartheta$, innerhalb $\frac{dp_1}{d\vartheta} d\vartheta$. Es folgt also (wieder für $r = a$)

$$\frac{dp'}{d\vartheta} - \frac{dp_1}{d\vartheta} = \frac{n}{2} J_2 \sin \vartheta .$$

Zudem muss $\nabla^2 p' = \nabla^2 p_1 = 0$ sein und p_1 muss für $r = 0$, p' für $r = \infty$ endlich bleiben. Man genügt allen Bedingungen, indem man setzt: $p_1 = Ar \cos \vartheta$, $p' = B \cos \vartheta / r^2$. Aus beiden Oberflächenbedingungen folgt $k'A = -2kB / a^3$ und $-Aa + B / a^2 = nJ_2 / 2$, und daraus *Maxwell*'s Resultat.

Maxwell findet das offenbar kürzer, wie folgt. Bezeichnen wir den jetzt geltenden Druck innen und aussen wieder mit p_1 und p', die zu Ende des Beispiels H gefundenen aber abweichend von *Maxwell* mit π_1 und π', so lauten die letzten beiden Gleichungen des Beispiels H:

$$\pi' = J_2 \frac{na^2}{\sigma r^2} \cos \vartheta, \quad \pi_1 = -2J_2 \frac{nr}{\sigma a} \cos \vartheta,$$

und wir genügen, wie man leicht sieht, den Bedingungen unserer jetzigen Aufgabe, wenn wir setzen: $p_1 : p' = k\pi_1 : k'\pi'$ und $p' - p_1 = \pi' - \pi_1$ (letzteres für $r = a$), woraus wieder *Maxwell*'s Werthe folgen.

59) *Zu S. 88.* Nach Theorem VII ist $a_2 = \frac{d\beta_1}{dz} = \frac{d\gamma_1}{dy}$; ferner $a_1 = \frac{\alpha_1}{k_1} = \frac{d\beta_0}{dz} - \frac{d\gamma_0}{dy} + \frac{dV}{dx}$. Bildet man die analogen Werthe für β_1 und γ_1 und bedenkt, dass k_1 constant ist, so folgt aus $a_2 = 0$ zunächst

$$\frac{d^2\beta_0}{dx\,dy} + \frac{d^2\gamma_0}{dx\,dz} - \frac{d^2\alpha_0}{dy^2} - \frac{d^2\alpha_0}{dz^2} = 0.$$

Diese Gleichung ist identisch erfüllt. Die beiden durch cyklische Vertauschung daraus entstehenden aber liefern die gesuchte Relation, wenn man darin $\alpha_0 = 0$, $\beta_0 = \omega z$, $\gamma_0 = -\omega y$ setzt. Dass *Maxwell* in den Gleichungen für ω_0 und ω immer $3k + k'$ statt $2k + k'$ schreibt, scheint ein Rechenfehler zu sein.

60) *Zu S. 89.* Denkt man sich die Mittellinie der secundären Windungslage als gleichförmige Spirale, so ändert sich die Abscisse eines ihrer Punkte um $2a$, wenn man alle n'-Windungen, um $\frac{2a}{n'}$, wenn man eine Windung, um $\frac{2a}{n'} \cdot \frac{d\varphi}{2\pi}$, wenn man nur den Winkel $d\varphi$ auf einer Windung durchläuft, so dass sich die geographische Länge des Punktes um $d\varphi$ ändert. Bezeichnet man die dazu gehörige Veränderung der Abscisse mit $dx = -a \sin\vartheta d\vartheta$, so ist also

$$-a \sin\vartheta d\vartheta = \frac{2a}{n'} \cdot \frac{d\varphi}{2\pi}.$$

Die Integration dieser Gleichung liefert diejenige, welche *Maxwell* die Gleichung der Mittellinie des Secundärdrahtes nennt.

Das bei der Winkeländerung $d\varphi$ im Secundärdrahte durchlaufene Bogenelement hat die Länge

$$ds = a \sin\vartheta d\varphi = -a n' \pi \sin^2\vartheta d\vartheta,$$

wie auch *Maxwell* findet.

61) *Zu S. 92.* In den beiden Specialfällen, für welche *Maxwell* die Gleichungen 1, 2 und 3 integrirt, erfüllt er die Bedingung, dass $J' = 0$ für $t = 0$ sein soll, nicht. Er kann sie nicht erfüllen, da die Gleichung $\frac{R}{n} J - \frac{R'}{n'} J' = \frac{F}{n}$ nicht in beiden Momenten, wo $F = 0$ und F von Null verschieden ist, ohne plötzlichen Sprung von J' oder J erfüllbar ist. Dieser plötzliche Sprung von J' übt aber auf J eine Inductionswirkung aus, welche *Maxwell* vernachlässigt und welche wohl nur vernachlässigt werden kann, wenn $\frac{n'^2}{R'}$ klein gegen $\frac{n^2}{R}$ ist, wenn also der Primärstrom nahe so abläuft, als ob der secundäre nicht da wäre. Diese Inductionswirkung kann aus den Gleichungen nicht berechnet werden, so lange man annimmt, dass sich F discontinuirlich ändert.

62) *Zu S. 92.* Hier sind α_2, β_2, γ_2 die allein durch die magnetische Induction erzeugten elek[illegible]n Kräfte,

welche für die elektrische Intensität längs einer geschlossenen Curve allein in Betracht kommen, da die von p_2 für ein Linienelement gelieferte Intensität über eine geschlossene Curve integrirt verschwindet.

63) *Zu S. 93.* Die magnetische Kraft hat die Intensität J und wirkt in der Feldrichtung. Da diese in den positiven Quadranten der xz-Ebene fällt und mit der positiven z-Axe den Winkel ϑ bildet, so sind ihre Componenten in den Coordinatenrichtungen

$$\alpha_1 = J \sin \vartheta, \ \beta_1 = 0, \ \gamma_1 = J \cos \vartheta.$$

Maxwell setzt die Magnetisirungsconstante k des Mediums offenbar gleich eins, so dass dies auch die Componenten der magnetischen Induction a_1, b_1, c_1 sind. Wir wollen zuerst die 2. Methode des Theorem V einschlagen. Wir haben da die Gleichungen zu bilden:

$$\frac{d^2A}{dx^2} + \frac{d^2A}{dy^2} + \frac{d^2A}{dz^2} = -a_1 = -J \sin \vartheta$$

$$\frac{d^2B}{dx^2} + \frac{d^2B}{dy^2} + \frac{d^2B}{dz^2} = 0$$

$$\frac{d^2C}{dx^2} + \frac{d^2C}{dy^2} + \frac{d^2C}{dz^2} = -c_1 = -J \cos \vartheta.$$

Es wäre ein grosser Irrthum, zu glauben, dass diese Gleichungen nur eine Auflösung zulassen; denn die Nebenbedingung, dass A, B, C im Unendlichen verschwinden sollen, ist unerfüllbar. Wir wollen daher irgend eine Lösung, die uns einfach und symmetrisch erscheint, herausgreifen. Wir setzen $B = 0$. Da der Differentialquotient von A nach x später gar nicht vorkommt, setzen wir A bloss als Function von y und z voraus, und zwar erhalten wir eine sehr einfache und symmetrische Lösung, wenn wir es gleich einer Constanten multiplicirt mit $y^2 + z^2$ setzen. Nach richtiger Constantenbestimmung wird dann

$$A = -\frac{J(y^2 + z^2)}{4} \sin \vartheta.$$

In derselben Weise kann man setzen

$$C = -\frac{J(x^2 + y^2)}{4} \cos \vartheta.$$

Setzt man noch $\psi = 0$, so folgt

$$\alpha_0 = \frac{dB}{dz} - \frac{dC}{dy} = \frac{Jy}{2}\cos\vartheta$$

$$\beta_0 = \frac{dC}{dx} - \frac{dA}{dz} = \frac{J}{2}(z\sin\vartheta - x\cos\vartheta)$$

$$\gamma_0 = \frac{dA}{dy} - \frac{dB}{dx} = -\frac{Jy}{2}\sin\vartheta,$$

was mit *Maxwell*'s Resultat bis auf die ganz irrelevanten Constanten A_0, B_0, C_0 übereinstimmt.

Nach der ersten Methode des Theorems V bleiben zwei zu α_0 hinzutretende Addenden, von denen der eine nur Function von x und y, der andere nur von x und z ist, überhaupt unbestimmt, und da in unserem Beispiele α_0 nur aus zwei solchen Addenden besteht, so lehrt diese Methode in diesem Falle nur, dass α_0 kein von y und z gleichzeitig abhängiges Glied enthalten kann. Analoges gilt für β_0 und γ_0.

Dass für ein homogenes Magnetfeld die elektrotonischen Functionen nicht eindeutig bestimmt sind, ist keineswegs ein Gebrechen der *Maxwell*'schen Gleichungen, sondern der Ausdruck einer wichtigen physikalischen Thatsache. In der That wirkt beim plötzlichen Verschwinden des Magnetismus auf jeden im Felde befindlichen elektrostatisch geladenen Körper eine Kraft, aber Grösse und Richtung derselben sind durch die blosse Angabe, dass früher ein homogenes Magnetfeld von gegebener Stärke und Richtung vorhanden war, noch völlig unbestimmt. Sie sind erst bestimmt, wenn der ganze Verlauf des Feldes bis ins Unendliche gegeben ist, wo natürlich die magnetische Kraft verschwinden muss. Auf die Induction in einer geschlossenen Strombahn hat jedoch die Unbestimmtheit der elektrotonischen Functionen keinen Einfluss.

64) *Zu S. 93.* Die Methode der vorigen Anmerkung liefert hier:

$$\frac{d^2A}{dx^2} + \frac{d^2A}{dy^2} + \frac{d^2A}{dz^2} = \frac{d^2C}{dx^2} + \frac{d^2C}{dy^2} + \frac{d^2C}{dz^2} = 0$$

$$\frac{d^2B}{dx^2} + \frac{d^2B}{dy^2} + \frac{d^2B}{dz^2} = \frac{J\omega}{8\pi k}\sin\vartheta.$$

Wir verwenden die Lösung $A = C = \psi = 0$,

$$B = \frac{J\omega(x^2+z^2)}{16\pi k}\sin\vartheta, \text{ und erhalten}$$

$$a_2 = \frac{dB}{dz} - \frac{dC}{dy} = -\frac{J\omega z}{16\pi k}\sin\vartheta$$

$$b_2 = \frac{dC}{dx} - \frac{dA}{dz} = 0$$

$$c_2 = \frac{dA}{dy} - \frac{dB}{dx} = \frac{J\omega x}{16\pi k}\sin\vartheta.$$

p_2 ist dann bis auf eine Constante durch die Gleichungen $\frac{dp_2}{dx} = \alpha_2 - ka_2$ etc. bestimmt.

65) *Zu S. 94.* Wir ziehen in der xy-Ebene 2 Radien, welche die Winkel φ und $\varphi + d\varphi$ mit der positiven x-Axe bilden. Die zwischen beiden liegende ebene Fläche schneidet aus der Kugelschale ein Flächenelement vom Flächeninhalte $TRd\varphi$ heraus. Die daselbst herrschende Stromdichte finden wir, indem wir in c_2 setzen $x = R\cos\varphi$, $z = 0$. Dieselbe hat daher den Werth $\frac{J\omega}{16\pi k} R\cos\varphi \sin\vartheta$. Ziehen wir durch jeden Punkt dieses Flächenelementes einen Parallelkreis, dessen Mittelpunkt in der y-Axe liegt und dessen Ebene zu ihr senkrecht steht, so durchfliesst den von allen diesen Parallelkreisen gebildeten Ring ein Gesammtstrom von der Intensität

$$i = TRd\varphi \cdot \frac{J\omega}{16\pi k} R\cos\varphi\sin\vartheta.$$

Die Mittellinie dieses Ringes ist ein Kreis vom Radius $R\cos\varphi$, also vom Flächeninhalte $f = \pi R^2 \cos^2\varphi$. Alle den Ring durchfliessenden Ströme sind daher unter Berücksichtigung des *Maxwell*'schen Maasssystems einem Magnete vom Momente

$$\frac{fi}{4\pi} = \frac{J\omega}{64\pi k} TR^4 \sin\vartheta \cos^3\varphi d\varphi$$

äquivalent. Da der Strom in der positiven xy-Halbebene positiv, in der positiven yz-Halbebene aber negativ ist, so fliesst er von der positiven x- gegen die positive z-Richtung. Der äquivalente Magnet wendet daher seinen positiven (Nord-) Pol der positiven y-Axe zu. Dabei ist das gegenwärtige *Maxwell*'sche (französische oder Hopfen-) Coordinatensystem vorausgesetzt. Um das Moment M des der ganzen Kugelschale äquivalenten Magnets zu finden, haben wir diesen A -

druck von $-\frac{\pi}{2}$ bis $+\frac{\pi}{2}$ bezüglich φ zu integriren. Nun ist

$$\cos^3\varphi = \frac{1}{4}(\cos 3\varphi + 3\cos\varphi), \text{ daher}$$

$$\int_{-\frac{\pi}{2}}^{+\frac{\pi}{2}} \cos^3\varphi d\varphi = \frac{4}{8}, \text{ daher}$$

$$M = \frac{J\omega}{48\pi k} TR^4 \sin\vartheta.$$

Dasselbe Resultat erhalten wir nach Beispiel H in folgender Weise: Der nach einem Punkte P der Kugelschale gezogene Radius soll mit der positiven y-Axe den Winkel ϑ' machen. Dann ist die Stromdichte in P

$$j = \sqrt{a_2^2 + c_2^2} = \frac{\omega J \sin\vartheta}{16\pi k}\sqrt{x^2 + z^2} = \pm \frac{\omega J \sin\vartheta}{16\pi k} R \sin\vartheta'.$$

In Beispiel H war die Stromdichte $j = -\frac{3J}{t}\sin\vartheta$ und das magnetische Moment $M = Ja^3 = -\frac{ta^3}{3}\frac{j}{\sin\vartheta}$. Um zu unsern jetzigen Buchstaben überzugehen, müssen wir R, T, ϑ' für a, t, ϑ schreiben und erhalten $M = -\frac{TR^3}{3}\frac{j}{\sin\vartheta'}$, oder nach Substitution des Werthes für j

$$M = \frac{\omega J R^4 T \sin\vartheta}{48\pi k}.$$

66) *Zu S. 94.* Aus dem Zeichen dieser Ausdrücke ist ersichtlich, dass, wenn J' positiv und φ spitz ist, der positive (Nord-)Pol des äquivalenten Magnetes vom magnetischen Momente $J'R^3$ eine algebraisch kleinere x- und y-Coordinate als der Südpol hat. Die Componenten seines magnetischen Momentes in der x- und y-Richtung sind daher mit Rücksicht auf das Zeichen $-J'R^3\cos\varphi$ und $-J'R^3\sin\varphi$, und er übt auf einen Nordpol eins in seinem Innern in der x- und y-Richtung die Kräfte $-2J'.\cos\varphi$ und $-2J'\sin\varphi$ aus. Nach dem von *Maxwell* eben Gefundenen erzeugt ein Feld von der Intensität $J\sin\vartheta$, das die x-Richtung hat, in der Kugel Ströme, welche einem Magnete äquivalent sind, der das

Moment $+\frac{TR^4\omega}{48\pi k}\times J\sin\vartheta$ in der y-Richtung hat und auf einen Nordpol eins in der y-Richtung mit der Kraft $+\frac{TR^4\omega}{24\pi k}J\sin\vartheta$ wirkt. Hätte das gleiche Feld die y-Richtung, so würde in der x-Richtung ein gleiches entgegengesetzt bezeichnetes Moment erzeugt. Daher erzeugt

das Feld

$$J\sin\vartheta - 2J'\cos\varphi \parallel OX, \quad -2J'\sin\varphi \parallel OY,$$

das Moment

$$\frac{TR^4\omega}{48\pi k}(J\sin\vartheta - 2J'\cos\varphi)\parallel OY, \quad \frac{TR^4\omega}{24\pi k}J'\sin\varphi \parallel OX,$$

und die magnetische Kraft

$$\frac{TR\omega}{24\pi k}(J\sin\vartheta - 2J'\cos\varphi)\parallel OY, \quad \frac{TR\omega}{12\pi k}J'\sin\varphi \parallel OX.$$

Die beiden in der 2. Reihe stehenden Werthe müssen gleich den wirklichen Momenten $-J'R^3\sin\varphi$ und $-J'R^3\cos\varphi$ sein. Natürlich sind dann auch die gesammten magnetischen Kräfte, welche man erhält, wenn man zu den Zahlen der letzten Reihe noch die äussern magnetischen Kräfte (Null und $J\sin\vartheta$) addirt, gleich den wirklichen magnetischen Kräften, $-2J'\sin\varphi$ und $J\sin\vartheta - 2J'\cos\varphi$. Letztere Relationen benutzt *Maxwell*. Aus beiden folgt:

$$\operatorname{cotg}\varphi = -\frac{TR\omega}{24\pi k}, \quad J' = \frac{\frac{TR\omega}{48\pi k}J\sin\vartheta}{\sqrt{1+\left(\frac{TR\omega}{24\pi k}\right)^2}}.$$

Maxwell benutzt zur Berechnung der Inductionswirkung der Kugelschale auf sich selbst bloss die in deren Innern wirkenden magnetischen Kräfte. Dies wäre im Allgemeinen nicht erlaubt. Bloss die innerste Schicht der Kugelschale steht unter dem Einflusse derjenigen innern Kräfte, die an der Grenze des Innenraums wirken. Die äusserste Schicht der Kugelschale steht unter dem Einflusse derjenigen äussern Kräfte, die an der innern Grenze des Aussenraums wirken, für die gesammte Schale hätte man daher das arithmetische Mittel beider in Rechnung zu ziehen. Allein speciell für die zu findende Inductionswirkung sind bloss diejenigen Componenten der magnetischen Kräfte maassgebend, welche auf den von den Linienelementen der Leitung durchstrichenen Flächenelementen, also auf der Kugelfläche senkrecht stehen, d. h. die Radialcomponenten, und diese haben für die inneren und äusseren Kräfte in der unmittelbaren Nähe der Kugelfläche dieselben Werthe.

67) *Zu S. 95.* Um Uebereinstimmung mit dem Vorhergehenden zu erhalten, kann man die positive z-Axe von dem Orte der Erde aus, wo die Kugel rotirt, vertical abwärts (also gegen den Erdmittelpunkt zu), die positive x-Axe im magnetischen Meridiane des Ortes gegen Norden ziehen. Die Lage der positiven y-Axe ist dann bestimmt, da das Coordinatensystem ein französisches oder Hopfenrankensystem ist; sie zeigt nach dem magnetischen Westen. Dann ist ω positiv, J ist es ebenfalls, wenn $J \sin \vartheta$ und $J \cos \vartheta$ die Kräfte auf den Nordpol (positiven Pol) sind, so dass also das magnetische Potentiale nach der Definition der Anmerkung 50 gleich $-J(x \sin \vartheta + z \cos \vartheta)$ wäre. In den Formeln der letzten beiden Seiten steht bei *Maxwell* die Grösse R consequent, mit einem Potenzexponenten versehen, der mir unrichtig scheint. Auch enthalten sowohl diese als auch einige frühere Formeln manches, was ich für Druckfehler hielt. Alles das erlaubte ich mir zu ändern.

Inhalt.

I. Theil.

Anwendung auf statische Zustände und stationäre Strömung.

II. Theil.

Ueber Faraday's elektrotonischen Zustand.

III. Theil.

Beispiele.

Zeitfracht Medien GmbH
Ferdinand-Jühlke-Straße 7
99095 Erfurt, Deutschland
produktsicherheit@kolibri360.de